高等学校软件工程专业校企深度合作系列实践教材

.Net 项目开发实践

总主编　周清平
主　编　周清平
副主编　颜一鸣　张彬连　刘　彬
　　　　张延亮　彭湘华

内容简介
Introduction

　　随着云计算、大数据、物联网时代的到来，.Net 技术在新的业务领域有着更辉煌的发展前景。本书针对.Net 工程师的知识、能力和素质要求，以 RealtySys 房产管理系统和 ICSS – ETC 在线考试系统两个真实项目作为实训案例，引导学生系统掌握.Net 平台上项目开发应具备的专业知识、行业统一开发规范与标准，熟练使用.Net 开发关键技术和工具，建立面向对象程序设计思想。

　　本教材内容涵盖使用.Net 语言开发 Windows 应用程序和 Web 应用程序（ASP.Net）的各个方面，依据企业实际项目管理规范及开发流程，将任务按章节分解为若干阶段，每个阶段细分为不同的实训任务，每个实训任务对应一个项目的子功能，真实反映了软件企业商业项目的开发过程。

作者简介
About the Author

总主编及本书主编：

周清平，男，1966年3月出生，湖南省张家界人，土家族，教授，博士后，现任中国服务贸易协会专家委员会副理事长，全国服务外包技能考试专家委员会副理事长，吉首大学软件服务外包学院院长，长期从事软件工程专业课程教学和开发，主要研究方向为量子信息、软件信息系统，主持国家自然科学基金、中国科学院科学研究基金、中国博士后基金、教育部科学研究重点项目、湖南省景区信息化专项等科研项目，主持国家级工程实践教育中心、软件工程综合改革试点专业、福特II国际合作项目、湖南省教育信息化专项等教研教改项目，获中国服务外包人才培养最佳实践新锐奖、湖南省自然科学奖、湖南省自然科学优秀学术论文奖，在 *Springer：Quant. Inform. Proces.*，*phys. Leet. A* 等国内外高级学术期刊发表SCI论文二十余篇。

编审委员会
Editorial Committee
高等学校软件工程专业
校企深度合作系列实践教材

顾 问

王志英　李仁发　陈志刚　唐振明

主 任

周清平

副主任

徐洪智　颜一鸣　成　焕

编 委（按姓氏笔画排序）

马庆槐	王建峰	王晓波	王新峰	宁小浩	刘　彬
闫茂源	李　刚	李长云	杨燕萍	沈　岳	张晋华
张彬连	陈生萍	陈园琼	钟　键	贾　涛	郭　鑫
唐伟奇	黄　云	黄　伟	覃遵跃	彭耶萍	曾明星
赖　炜	蔡国民				

总序

企业专业实训是在真实的企业工作环境中，以项目组的工作方式实现完整的项目开发过程，是实现高素质软件人才培养的重要实践教学环节，是集中训练学生的科学研究能力、工程实践能力和创新能力的必要一环，是对学生综合运用多学科的理论、方法、工具和技术解决实际问题的真实检验，对全面提高教育教学质量具有重要意义。

近年来，吉首大学大力践行"整体渗透、优势互补、人才共育、过程共管、资源共享、责任共担、利益共生、合作共赢"的校企深度合作办学模式，先后与中软国际、青软实训、苏软培训等知名企业开展专业共建，在沉浸式实训模式创新、课程研发、实践教学资源建设等方面取得了显著成效，本次编写出版的"高等学校软件工程专业校企深度合作系列实践教材"就是其中一项重要成果。

本系列教材包括《C语言项目开发实践》《数据库项目开发实践》《Java项目开发实践》《Web前端项目开发实践》《Java EE项目开发实践》《.Net项目开发实践》《Android项目开发实践》《嵌入式ARM体系结构编程项目开发实践》，共8本。校企双方教师、技术专家联合组成了教材编写委员会，他们深入生产实际、把握主流技术、遵循教学规律，摆脱了传统教材"理论知识+实训案例"的简单模式，将实训内容项目化、专业化和职业化，以真实的企业项目案例为载体，循序渐进地引导学生完成实训项目开发流程，使其专业知识得到巩固，专业技能得到提升，综合分析和解决实际问题的能力、项目开发能力、项目管理能力和创新精神得到强化，同时，在项目执行力、职业技能与素养诸方面得到有效锻炼。

本套教材内容覆盖了软件工程专业主要能力点，精选了一定数量的软件项目案例，从项目描述、项目目标、项目实施、项目小结与拓展等方面介绍，均符合各自相关的项目开发规范，项目实施遵循软件生命周期模型，给出了软件设计思想、开发过程和开发结果。学生通过项目需求分析、系统设计、编码实现、系统测试与系统部署等环节，不断积累项目开发经验。本套丛书构思设计之巧、涉猎领域之广、推广应用之实，无不反映了吉首大学的教育教学改革已经转型到以学生发展为中心、以能力培养为核心的全面综合素质教育上来，是推行校企深度合作办学基础上微创新教学改革成果的集中展示。

"一分耕耘，一分收获"，吉首大学的老师们致力于耕耘，期待着收获。站在第一读者的角度，我更期待本套教材能成为高等院校软件工程专业、职业培训和软件从业人员最具实用价值的实训教材和参考书，用书中所蕴含的智慧创造更多的财富。

是为序。

教授

联合国教科文组织产学合作教席理事会理事
教育部软件工程专业教学指导委员会副主任
国家示范性软件学院建设工作办公室副主任
北京交通大学软件学院院长、博士生导师

2014 年 6 月

前言

Foreword

.Net 技术是当今主流软件开发技术。为提高大学生实践能力和创新能力,强化.Net 项目开发实训是非常有效的方法。在以往的项目实训实施过程中,我们发现实际效果往往低于预期目标,其主要原因是学生缺乏可参考的、具有真实项目开发背景的实训指导教材。为避免实训流于形式,提升实训效果,我们与中软国际有限公司实行校企深度合作,组建了".Net 项目开发实践"课程研发团队。课程开发特点是将知识点项目化,将枯燥的讲授变为生动的项目实训体验,将长期教学实践积淀,内化为本书的构思和主体内容。

本教材以两个真实项目(RealtySys 房产管理系统、ICSS – ETC 在线考试系统)作为实训案例,采用将.Net 编程技术与软件工程过程相结合的思路组织内容。依据教材指导,读者可分步完成业务需求分析、功能需求分析、数据库需求分析、数据库建模、系统开发和系统测试等全流程的开发训练,从而使其专业能力与企业软件开发岗位需求能力之间的差距大大缩小,提高读者的软件开发能力和职业素质,增强就业竞争力。

全书共 3 章,第 1 章主要内容包括.Net 开发技术、开发工具以及开发规范等;第 2 章以 RealtySys 房产管理系统为例,按软件工程实施过程实现 WinForms 应用程序的开发;第 3 章以 ICSS – ETC 在线考试系统为例,按软件工程实施过程实现 Asp.Net 应用程序的开发。

参加本书编著工作的有周清平、颜一鸣、张彬连、刘彬、张延亮、蒋玲、彭湘华等,全书由周清平教授统稿与审核。

在本书编写过程中,中软国际为我们提供了项目资料、企业项目实施文档等,在此表示感谢,同时也衷心感谢在此书出版过程中给予我们支持与帮助的中南大学出版社相关老师和工作人员。

本书中部分程序代码电子文件可在中南大学出版社网站(www.csupress.com.cn)"下载专区"免费下载。

本书是一本.Net项目开发实训指导教程,适合作为高等院校".Net程序设计"课程实践教学参考用书,也可供对.Net项目开发感兴趣的学习者参考。

限于编者的水平和时间,书中难免存在纰漏和不足之处,敬请读者批评指正。

编　者

2014年6月

目录

第1章 .Net 项目开发基础 (1)

- 1.1 实训目标 (1)
  - 1.1.1 实训知识目标 (1)
  - 1.1.2 实训能力目标 (1)
  - 1.1.3 实训素质目标 (1)
- 1.2 .Net 项目开发技术 (2)
  - 1.2.1 软件开发的基本流程 (2)
  - 1.2.2 软件开发模型 (2)
  - 1.2.3 软件体系结构 (4)
  - 1.2.4 软件建模技术 (5)
  - 1.2.5 .Net 开发相关技术 (7)
- 1.3 .Net 项目开发工具 (11)
  - 1.3.1 Microsoft Visual Studio 集成平台 (11)
  - 1.3.2 软件测试工具 (11)
- 1.4 .Net 项目开发规范 (19)
- 1.5 小结 (29)

第2章 RealtySys 房产管理系统的设计与开发 (30)

- 2.1 项目描述 (30)
- 2.2 项目目标 (30)
- 2.3 项目实施 (30)
  - 2.3.1 WinForms 应用程序项目准备与环境搭建 (30)
  - 2.3.2 RealtySys 房产管理系统需求分析 (42)
  - 2.3.3 RealtySys 房产管理系统分析与设计 (44)
  - 2.3.4 RealtySys 房产管理系统编码 (65)
  - 2.3.5 RealtySys 房产管理系统测试 (115)
- 2.4 项目小结与拓展 (127)
  - 2.4.1 项目小结 (127)

2.4.2 项目拓展 …………………………………………………………… (127)

第3章 ICSS-ETC在线考试系统的设计与开发 …………………………… (128)

3.1 项目描述 …………………………………………………………………… (128)
3.2 项目目标 …………………………………………………………………… (128)
3.3 项目实施 …………………………………………………………………… (129)
   3.3.1 ASP.Net 应用程序项目准备与环境搭建 ……………………… (129)
   3.3.2 需求分析 …………………………………………………………… (132)
   3.3.3 ICSS-ETC在线考试系统分析与设计 ………………………… (135)
   3.3.4 系统编码 …………………………………………………………… (158)
   3.3.5 ICSS-ETC在线考试系统测试 ………………………………… (182)
3.4 项目小结与拓展 …………………………………………………………… (189)
   3.4.1 项目小结 …………………………………………………………… (189)
   3.4.2 项目拓展 …………………………………………………………… (189)

附 录 …………………………………………………………………………… (191)

参考文献 ………………………………………………………………………… (211)

第 1 章 .Net 项目开发基础

.Net 是微软的新一代技术平台，适合于构建包括 WinForms、WebForms 等多种类型的高性能分布式应用程序，这些程序运行于 Common Language Runtime 之上，可以用来实现 XML，Web Services，SOA(面向服务的体系结构 service-oriented architecture)等。随着"互联网+"时代的到来，.Net 技术在新的业务领域将会有更辉煌的应用前景。

1.1 实训目标

1.1.1 实训知识目标

(1) 熟练掌握.Net 体系结构中的 C#基本语法。
(2) 掌握.Net 体系结构下的 Windows 应用程序开发技术。
(3) 掌握.Net 体系结构下的 Web 应用程序开发技术。
(4) 掌握.Net 体系结构下的 ADO.Net 编程。
(5) 了解三层结构软件设计模式。
(6) 了解 Windows 应用程序 UI 设计原则。

1.1.2 实训能力目标

(1) 了解项目业务背景，具备调研同类项目的能力。
(2) 具备系统需求分析与设计的能力。
(3) 具备运用.Net 技术进行企业级项目开发的能力。
(4) 具备界面设计和结构布局能力。
(5) 具备数据库技术应用于企业级项目开发的能力。
(6) 具备规范的软件开发文档撰写能力。

1.1.3 实训素质目标

(1) 养成良好的项目开发规范意识。
(2) 养成良好的软件工程化思维与编码习惯。

(3) 培养良好的团队合作精神。

(4) 培养学生自主学习能力和创新意识。

1.2 .Net 项目开发技术

在使用.Net技术进行项目开发之前,有必要了解企业级项目的开发过程,包括软件开发流程、软件开发模型、软件体系结构和软件建模技术等。

1.2.1 软件开发的基本流程

同现实世界的其他事物一样,软件产品或软件系统也具有生命周期。它经历了孕育、诞生、成长、成熟、衰亡等自然阶段。软件开发是一个庞大的系统工程,我们采取的常规手段就是将整个软件的生命周期化整为零,即将其划分成若干个阶段,规定每个阶段的具体任务和实现目标,使规模庞大、结构复杂和管理零散的软件项目开发成容易控制与管理的软件。通常,我们将软件生命周期定义成可行性分析与开发项计划、需求分析、设计(概要设计和详细设计)、编码、测试、维护等活动,并将这些活动以适当的方式分配到不同的阶段去完成。软件生命周期的6个阶段如图1-1所示。

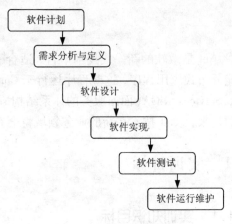

图 1-1 软件生命周期

1.2.2 软件开发模型

软件开发是个复杂的过程,各个阶段不可能按我们臆想的方案完全顺利进行。在实际工程项目中,软件开发过程大多是带有反馈的迭代过程。那么,为了有效地管理与控制过程,我们会根据项目的实际规模与需求定义出相应的开发模型对其进行描述与表示。

软件开发模型是跨越整个软件生命周期的系统开发、运行和维护所实施的全部工作和任务的结构框架。它给出了软件开发活动各阶段之间的关系。

软件开发模型能清晰、直观地表达软件开发全过程,明确规定了要完成的主要活动和任务,用来作为软件项目开发工作的基础。对于不同的软件系统,可以采用不同的开发方法、使用不同的程序设计语言以及各种不同技能的人员参与工作、运用不同的管理方法和手段等,以及允许采用不同的软件工具和不同的软件工程环境。

软件开发过程是随着开发技术的演化而随之改进的。从早期的瀑布式的开发模型到后来出现的螺旋式的迭代开发,再到最近开始兴起的敏捷开发方法,它们展示了不同时期软件产业对于开发过程的不同认识以及对于不同类型项目的理解。典型的开发模型有:瀑布模型、快速原型模型、增量模型、螺旋模型、演化模型、喷泉模型、智能模型和混合模型等。

1. 瀑布模型

瀑布模型将软件生命周期划分为制订计划、需求分析、软件设计、程序编写、软件测试和运行维护六个基本活动，并且规定了它们自上而下、相互衔接的固定次序，如同瀑布流水，逐级下落。

在瀑布模型中，软件开发的各项活动严格按照线性方式进行，当前活动接受上一项活动的工作结果，实施完成所需的工作内容。当前活动的工作结果需要进行验证，如果验证通过，则该结果作为下一项活动的输入，继续进行下一项活动，否则返回修改。

瀑布模型强调文档的作用，并要求每个阶段都要仔细验证。但是，这种模型的线性过程太理想化，已不再适合现代软件开发模式，几乎已被业界抛弃。

2. 快速原型模型

快速原型模型的第一步是建造一个快速原型，实现客户或未来用户与系统的交互，用户或客户对原型进行评价，进一步细化待开发软件的需求。

通过逐步调整原型使其满足客户的要求，开发人员可以确定客户的真正需求是什么；第二步则是在第一步的基础上开发客户满意的软件产品。快速原型模型的关键是尽可能快速地建造出软件原型，一旦确定了客户的真正需求，所建造的原型将被丢弃。因此，原型系统的内部结构并不重要，重要的是必须迅速建立原型，随之迅速修改原型，以反映客户的需求。显然，快速原型方法可以克服瀑布模型的缺点，减少由于软件需求不明确带来的开发风险，具有显著的效果。

3. 增量模型

在增量模型中，软件被作为一系列的增量构件来设计、实现、集成和测试，每一个构件是由多种相互作用的模块所形成的提供特定功能的代码片段构成。增量模型在各个阶段并不交付一个可运行的完整产品，而是交付满足客户需求的一个子集可运行产品。整个产品被分解成若干个构件，开发人员逐个构件地交付产品，这样做的好处是软件开发可以较好地适应变化，客户可以不断地看到所开发的软件，从而降低开发风险。在使用增量模型时，第一个增量往往是实现基本需求的核心产品。核心产品交付用户使用后，经过评价形成下一个增量的开发计划，它包括对核心产品的修改和一些新功能的发布。这个过程在每个增量发布后不断重复，直到产生最终的完善产品。例如，使用增量模型开发字处理软件，可以考虑：第一个增量发布基本的文件管理、编辑和文档生成功能，第二个增量发布更加完善的编辑和文档生成功能，第三个增量实现拼写和文法检查功能，第四个增量完成高级的页面布局功能。

4. 螺旋模型

1988 年，Barry Boehm 正式发表了软件系统开发的"螺旋模型"，它将瀑布模型和快速原型模型结合起来，强调了其他模型所忽视的风险分析，特别适合于大型复杂的系统。

螺旋模型沿着螺线进行若干次迭代，具体包括如下活动：

（1）制订计划：确定软件目标，选定实施方案，弄清项目开发的限制条件；

（2）风险分析：分析评估所选方案，考虑如何识别和消除风险；

（3）实施工程：实施软件开发和验证；

（4）客户评估：评价开发工作，提出修正建议，制订下一步计划。

螺旋模型由风险驱动，强调可选方案和约束条件，从而支持软件的重用，有助于将软件质量作为特殊目标融入产品开发之中。

5. 喷泉模型

喷泉模型与传统的结构化生存期比较，具有更多的增量和迭代性质，生存期的各个阶段可以相互重叠和多次反复，而且在项目的整个生存期中还可以嵌入子生存期。就像水喷上去又可以落下来，可以落在中间，也可以落在最底部。

依据本书参照案例的实际规模以及项目特点，第2章 RealtySys 房产管理系统选择采用快速原型模型进行开发，第3章 ICSS – ETC 在线考试系统采用增量模型进行开发。

1.2.3 软件体系结构

软件体系结构是具有一定形式的结构化元素，即构件的集合，包括处理构件、数据构件和连接构件。处理构件负责对数据进行加工，数据构件是被加工的信息，连接构件把体系结构的不同部分组合连接起来。这一定义注重区分处理构件、数据构件和连接构件，这一方法在其他的定义和方法中基本上得到保持。

目前主要的软件体系机构有三类模式：客户机/服务器模式（C/S）、浏览器/服务器（B/S）模式和应用服务器模式。

1）客户机/服务器模式

客户机/服务器（C/S）由 Client 和 Server 组成，客户端完成部分数据处理、数据表示以及用户接口功能；服务器端完成 DBMS（数据库管理系统）的核心功能。C/S 结构的优点是能充分发挥客户端 PC 的处理能力，很多工作可以在客户端处理后再提交给服务器。对应的优点就是客户端响应速度快。具体表现在以下两点：

(1) 应用服务器运行数据负荷较轻。

最简单的 C/S 体系结构的数据库由两部分组成，即客户应用程序和数据库服务器程序。二者可分别称为前台程序与后台程序。运行数据库服务器程序的机器，也称为应用服务器。一旦服务器程序被启动，就随时等待响应客户程序发来的请求；客户应用程序运行在用户自己的电脑上，对应于数据库服务器，可称为客户电脑，当需要对数据库中的数据进行任何操作时，客户程序就自动地寻找服务器程序，并向其发出请求，服务器程序根据预定的规则作出应答，送回结果，应用服务器运行数据负荷较轻。

(2) 数据的储存管理功能较为透明。

在数据库应用中，数据的储存管理功能，由服务器程序和客户应用程序分别独立进行，并且通常把那些不同的前台应用所不能违反的规则，在服务器程序中集中实现，例如访问者的权限、编号可以重复、必须有客户才能建立订单这样的规则。所有这些，对于工作在前台程序上的最终用户，是"透明"的，他们无须过问（通常也无法干涉）背后的过程，就可以完成自己的一切工作。在客户服务器架构的应用中，前台程序不是非常"瘦小"，麻烦的事情都交给了服务器和网络。在 C/S 体系下，数据库不能真正成为公共、专业化的仓库，它受到独立的专门管理。

2）浏览器/服务器

浏览器/服务器（B/S），是 Web 兴起后的一种网络结构模式，Web 浏览器是客户端最主要的应用软件。这种模式统一了客户端，将系统功能实现的核心部分集中到服务器上，简化了系统的开发、维护和使用。只要客户机上安装一个浏览器（Browser），如 Internet Explorer，服务器安装 Oracle、Sybase 或 SQL Server 等数据库，浏览器就能通过 Web Server 同数据库进行数据交互。

B/S 结构是基于特定通信协议(HTTP)的 C/S 架构,也就是说 B/S 包含在 C/S 中,是特殊的 C/S 架构,是对 C/S 结构的一种变化或者改进。在这种结构下,用户工作界面通过浏览器来实现,极少部分事务逻辑在前端(Browser)实现,但是主要事务逻辑在服务器端(Server)实现,形成所谓三层结构。这样就大大简化了客户端电脑载荷,减轻了系统维护与升级的成本和工作量,降低了用户的总体成本。

3)应用服务器模式

应用服务器模式核心思想是分层,系统按照不同职责划分为若干个层次,一般分为三层,包括客户层、服务层和数据层。

客户层是用户接口和用户请求的发出地,典型应用是网络浏览器和胖客户。

服务器层典型应用是 Web 服务器和运行业务组件的应用程序服务器。

数据层典型应用是关系型数据库和其他后端数据资源。

在这个体系结构中,它把显示逻辑从业务逻辑中分离出来,这就意味着业务组件是独立的,可以不关心怎样显示和在哪里显示。业务逻辑层现在处于中间层,不需要关心由哪种类型的客户来显示数据,也可以与后端系统保持相对独立性,有利于系统扩展。三层结构具有更好的移植性,可以跨不同类型的平台工作,允许用户请求在多个服务器间进行负载平衡。应用程序服务器是三层/多层体系结构的组成部分,应用程序服务器位于中间层,负责执行处理逻辑,并且获取或更新后端用户数据。第二章中的房产管理系统选择客户机/服务器模式,第二章中的 ICSS – ETC 在线考试系统采用浏览器/服务器模式。

1.2.4 软件建模技术

软件模型(software model)是指通过软件建模语言对软件的功能和性能等外特性、软件的要素和结构以及软件的动态行为特性给出抽象和规范化描述。

软件建模技术是软件工程技术的重要内容,是建立软件模型的方法、过程、规范和工具与环境的总称。软件建模技术的内容包括:软件建模方法、软件建模过程、软件建模语言和软件建模工具。

标准建模语言 UML 的重要内容可以由下列五类图(共 10 种图)来定义:

第一类是用例图,从用户角度描述系统功能,并指出各功能的操作者。

第二类是静态图(static diagram),包括类图、对象图和包图。类图描述系统中类的静态结构。不仅定义系统中的类,表示类之间的联系如关联、依赖、聚合等,也包括类的内部结构(类的属性和操作)。类图描述的是一种静态关系,在系统的整个生命周期都是有效的。对象图是类图的实例,几乎使用与类图完全相同的标志。它们的不同点在于对象图显示类的多个对象实例,而不是实际的类。一个对象图是类图的一个实例。由于对象存在生命周期,因此对象图只能在系统某一时间段存在。包图由包或类组成,表示包与包之间的关系。包图用于描述系统的分层结构。

第三类是行为图(behavior diagram),描述系统的动态模型和组成对象间的交互关系。行为图包括:状态图和活动图。状态图描述类的对象所有可能的状态以及事件发生时状态的转移条件。通常,状态图是对类图的补充。在实用上并不需要为所有的类画状态图,仅为那些有多个状态、行为受外界环境影响并且发生改变的类画状态图。活动图描述满足用例要求所要进行的活动以及活动间的约束关系，有利于识别并行活动。活动图是一种特殊的状态图，它对于系统的功能建模特别重要，强调对象间的控制流程。

第四类是交互图(interactive diagram)，描述对象间的交互关系。其中顺序图显示对象之间的动态合作关系，它强调对象之间消息发送的顺序，同时显示对象之间的交互；合作图描述对象间的协作关系，合作图跟顺序图相似，显示对象间的动态合作关系。除显示信息交换外，合作图还显示对象以及它们之间的关系。如果强调时间和顺序，则使用顺序图；如果强调上下级关系，则选择合作图。这两种图合称为交互图。

第五类是实现图(implementation diagram)。包括构件图和配置图。构件图描述代码部件的物理结构及各部件之间的依赖关系。一个部件可能是一个资源代码部件、一个二进制部件或一个可执行部件。它包含逻辑类或实现类的有关信息。构件图有助于分析和理解部件之间的相互影响程度。配置图定义系统中软硬件的物理体系结构。它可以显示实际的计算机和设备(用节点表示)以及它们之间的连接关系，也可显示连接的类型及部件之间的依赖性。在节点内部，放置可执行部件和对象以显示节点跟可执行软件单元的对应关系。

从应用角度看，当采用面向对象技术设计系统时，首先是描述需求；其次根据需求建立系统的静态模型，以构造系统的结构；第三步是描述系统的行为。其中在第一步与第二步中所建立的模型都是静态的，包括用例图、类图(包含包)、对象图、构件图和配置图五个图形，是标准建模语言 UML 的静态建模机制。其中第三步中所建立的模型或者可以执行，或者表示执行时的时序状态或交互关系，它包括状态图、活动图、顺序图和合作图四个图形，是标准建模语言 UML 的动态建模机制。

2) 数据库的相关建模技术

在设计数据库时，对现实世界进行分析、抽象，并从中找出内在联系，进而确定数据库的结构，这一过程称为数据库建模。

数据模型按不同的应用层次分成三种类型：概念数据模型(CDM)、逻辑数据模型(LDM)和物理数据模型(PDM)。其中，概念数据模型简称概念模型，它是一种面向客观世界、面向用户的模型，与具体的数据库系统无关，与具体的计算机平台无关，如 E - R 模型；逻辑数据模型又称数据模型，它是一种面向数据库系统的模型，着重于在数据库系统一级的实现，如层次模型、网状模型和关系模型；物理数据模型，又称物理模型，它是一种面向计算机物理表示的模型，它给出了数据模型在计算机上物理结构的表示。

数据库建模技术有两类，分别是面向对象数据库建模技术和面向结构的数据建模技术。其中面向对象建模技术可以直接利用实体类建立数据模型，结构化数据库建模技术主要应用 E - R 模型。

PowerDesigner 是 Sybase 的企业建模和设计解决方案，采用模型驱动方法，将业务与 IT 结合起来，可帮助部署有效的企业体系架构，并为研发生命周期管理工作提供强大的分析与设计技术。PowerDesigner 独具匠心，将多种标准数据建模技术集成一体，并与 . Net、WorkSpace、PowerBuilder、Java™、Eclipse 等主流开发平台集成起来，从而为传统的软件开发生命周期管理提供业务分析和规范的数据库设计解决方案。

3) 软件测试技术

软件测试是软件开发过程中的一个重要组成部分，是贯穿整个软件开发生命周期、对软件产品(包括阶段性产品)进行验证和确认的活动过程，其目的是尽快尽早地发现软件产品中所存在的各种问题，保持与用户需求、预先定义的一致性。

软件测试技术的分类主要有：

（1）从是否需要执行被测试软件的角度分类（静态测试和动态测试）。

（2）从测试是否针对软件结构与算法的角度分类（白盒测试和黑盒测试）。

（3）从测试的不同阶段分类（单元测试、集成测试、系统测试、验收测试）。

1.2.5 .Net 开发相关技术

1．.Net Framework 简介

.Net Framework 是用于生成、部署和运行 XML Web services 和应用程序的多语言环境，它的核心组成如图 1-2 所示，主要由三个部分组成。

1）公共语言运行库

运行库实际上在组件的运行和开发操作中都起着很大的作用，尽管名称中没有体现这个意思。在组件运行时，运行库除了负责满足此组件在其他组件上可能具有的依赖项外，还负责管理内存分配、启动和停止线程与进程，以及强制执行安全策略。在开发时，运行库的作用稍有变化。由于做了大量的自动处理工作（如内存管理），运行库使开发人员的操作非常简单，尤其是与今天的 COM 相比。特别是反射等功能显著减少了开发人员为将业务逻辑转变为可重用组件而必须编写的代码量。

2）统一编程类

该框架为开发人员提供了统一的、面向对象的、分层的和可扩展的类库集（API）。目前，C++ 开发人员使用 Microsoft 基础类，而 Java 开发人员使用 Windows 基础类。框架统一了这些完全不同的模型并且为 Visual Basic 和 JScript 程序员同样提供了对类库的访问。通过创建跨所有编程语言的公共 API 集，公共语言运行库使得跨语言继承、错误处理和调试成为可能。从 JScript 到 C++ 的所有编程语言具有对框架的相似访问，开发人员可以自由选择它们要使用的语言。

3）ASP.Net

ASP.Net 建立在 .Net Framework 的编程类之上，它提供了一个 Web 应用程序模型，并且包含使生成 ASP Web 应用程序变得简单的控件集和结构。ASP.Net 包含封装公共 HTML 用户界面元素（如文本框和下拉菜单）的控件集。但这些控件在 Web 服务器上运行，并以 HTML 的形式将它们的用户界面推送到浏览器。在服务器上，这

图 1-2 .Net Framework 的核心

些控件公开一个面向对象的编程模型，为 Web 开发人员提供了面向对象的编程的丰富性。ASP.Net 还提供结构服务（如会话状态管理和进程回收），进一步减少了开发人员必须编写的代码量并提高了应用程序的可靠性。使用 XML Web services 功能，ASP.Net 开发人员可以编写自己的业务逻辑并使用 ASP.Net 结构通过 SOAP 交付该服务。

2．Visual Studio Windows 应用程序

Visual Studio Windows 应用程序是围绕 .Net Framework 构建的，此框架是一组丰富的类，允许编写复杂的应用程序。可以使用任何 .Net 编程语言（Visual Basic、C#、C++ 托管扩展

和很多其他语言)和.Net 调试工具创建 Windows 应用程序。

使用.Net 类创建的 Windows 应用程序还具有其他优点。可以访问操作系统服务并利用用户的计算环境提供的其他优势，可以使用 ADO.Net 访问数据。有关详细信息，请参见 ADO.Net 数据访问介绍。GDI+ 允许用户在窗体中进行高级绘制和绘画，有关详细信息，请参见 GDI+ 图形。Windows 应用程序可以调用通过 XML Web services 公开的方法，鼓励用户利用各种来源和合作伙伴的信息及计算资源。

3. ASP.Net 应用程序概述

ASP.Net 是一个统一的 Web 开发模型，它包括用户使用尽可能少的代码生成企业级 Web 应用程序所必需的各种服务。ASP.Net 作为.Net Framework 的一部分提供。当用户编写 ASP.Net 应用程序的代码时，可以访问.Net Framework 中的类。可以使用与公共语言运行库(CLR)兼容的任何语言来编写应用程序的代码，这些语言包括 Microsoft Visual Basic、C#、JScript.Net 和 J#。使用这些语言，可以开发利用公共语言运行库、类型安全、继承等方面的优点的 ASP.Net 应用程序。ASP.Net 包括：①页和控件框架；②ASP.Net 编译器；③安全基础结构；④状态管理功能；⑤应用程序配置；⑥监视运行状况和性能功能；⑦调试支持；⑧XML Web services 框架；⑨可扩展的宿主环境和应用程序生命周期管理；⑩可扩展的设计器环境。

1) 页和控件框架

ASP.Net 页和控件框架是一种编程框架，它在 Web 服务器上运行，可以动态地生成和呈现 ASP.Net 网页。可以从任何浏览器或客户端设备请求 ASP.Net 网页，ASP.Net 会向请求浏览器呈现标记(例如 HTML)。通常，用户可以对多个浏览器使用相同的页，因为 ASP.Net 会为发出请求的浏览器呈现适当的标记。但是，用户可以针对诸如 Microsoft Internet Explorer 6 的特定浏览器设计 ASP.Net 网页，并利用该浏览器的功能。ASP.Net 支持基于 Web 的设备[如移动电话、手持型计算机和个人数字助理(PDA)]的移动控件。

ASP.Net 网页是完全面向对象的。在 ASP.Net 网页中，可以使用属性、方法和事件来处理 HTML 元素。ASP.Net 页框架为响应在服务器上运行的代码中的客户端事件提供统一的模型，从而使用户不必考虑基于 Web 的应用程序中固有的客户端和服务器隔离的实现细节。该框架还会在页处理生命周期中自动维护页及该页上控件的状态。

使用 ASP.Net 页和控件框架还可以将常用的 UI 功能封装成易于使用且可重复使用的控件。控件只需编写一次，即可用于许多页并集成到 ASP.Net 网页中。这些控件在呈现期间放入 ASP.Net 网页中。

ASP.Net 页和控件框架还提供各种功能，以便可以通过主题和外观来控制网站的整体外观和感觉。可以先定义主题和外观，再在页面级或控件级应用这些主题和外观。

除了主题外，还可以定义母版页，以便应用程序中的页具有一致的布局。一个母版页可以定义用户希望应用程序中的所有页(或一组页)所具有的布局和标准行为。然后可以创建包含要显示的页特定内容的各个内容页。当用户请求内容页时，这些内容页与母版页合并，产生将母版页的布局与内容页中的内容组合在一起的输出。

2) ASP. Net 编译器

所有 ASP. Net 代码都经过了编译,可提供强类型、性能优化和早期绑定等优点。代码一经编译,公共语言运行库会进一步将 ASP. Net 编译为本机代码,从而提供增强的性能。

ASP. Net 包括一个编译器,该编译器将包括页和控件在内的所有应用程序组件编译成一个程序集,之后 ASP. Net 宿主环境可以使用该程序集来处理用户请求。

3) 安全基础结构

除了. Net 的安全功能外,ASP. Net 还提供了高级的安全基础结构,以便对用户进行身份验证和授权,并执行其他与安全相关的功能。用户可以使用由 IIS 提供的 Windows 身份验证对用户进行身份验证,也可以通过用户自己的用户数据库使用 ASP. Net Forms 身份验证和 ASP. Net 成员资格来管理身份验证。此外,可以使用 Windows 组或用户自定义的角色数据库(使用 ASP. Net 角色)来管理 Web 应用程序的功能和信息方面的授权。用户可以根据应用程序的需要方便地移除、添加或替换这些方案。

ASP. Net 始终使用特定的 Windows 标识运行,因此,用户可以通过使用 Windows 功能[例如 NTFS 访问控制列表(ACL)、数据库权限等]来保护应用程序的安全。

4) 状态管理功能

ASP. Net 提供了内部状态管理功能,它使用户能够存储页请求期间的信息,例如客户信息或购物车的内容。用户可以保存和管理应用程序特定、会话特定、页特定、用户特定和开发人员定义的信息。此信息可以独立于页上的任何控件。

ASP. Net 提供了分布式状态功能,使用户能够管理一台计算机或数台计算机上同一应用程序的多个实例的状态信息。

5) 应用程序配置

通过 ASP. Net 应用程序使用的配置系统,可以定义 Web 服务器、网站或单个应用程序的配置设置。用户可以在部署 ASP. Net 应用程序时定义配置设置,并且可以随时添加或修订配置设置,且对运行的 Web 应用程序和服务器具有很小的影响。ASP. Net 配置设置存储在基于 XML 的文件中。由于这些 XML 文件是 ASCII 文本文件,因此对 Web 应用程序进行配置更改比较简单。用户可以扩展配置方案,使其符合自己的要求。

6) 监视运行状态和性能功能

ASP. Net 包括可监视 ASP. Net 应用程序的运行状况和性能。使用 ASP. Net 运行状况监视可以报告关键事件,这些关键事件提供有关应用程序的运行状况和错误情况的信息。这些事件显示诊断和监视特征的组合,并在记录哪些事件以及如何记录事件等方面具有高度的灵活性。有关更多信息,请参见 ASP. Net 运行状况监视概述。

ASP. Net 支持两组可供应用程序访问的性能计数器:

①1ASP. Net 系统性能计数器组;

②2ASP. Net 应用程序性能计数器组。

7) XML Web services 框架

ASP. Net 支持 XML Web services。XML Web services 是包含业务功能的组件,利用该业务功能,应用程序可以使用 HTTP 和 XML 消息等标准跨越防火墙交换信息。XML Web services 不用依靠特定的组件技术或对象调用约定。因此,用任何语言编写、使用任何组件模型并在任何操作系统上运行的程序,都可以访问 XML Web services。

8) 可扩展的宿主环境和应用程序生命周期管理

ASP.Net 包括一个可扩展的宿主环境,该环境控制应用程序的生命周期,即从用户首次访问此应用程序中的资源(例如页)到应用程序关闭这一期间。虽然 ASP.Net 依赖作为应用程序宿主的 Web 服务器(IIS),但 ASP.Net 自身也提供了许多宿主功能。通过 ASP.Net 的基础结构,用户可以响应应用程序事件并创建自定义 HTTP 处理程序和 HTTP 模块。

9) 可扩展的设计器环境

ASP.Net 中提供了对创建 Web 服务器控件设计器(用于可视化设计工具,例如 Visual Studio)的增强支持。使用设计器可以为控件生成设计时的用户界面,这样开发人员可以在可视化设计工具中配置控件的属性和内容。

WinForms 应用程序、ASP.Net 应用程序与.Net Framework 框架的层级关系,如图 1-3 所示。

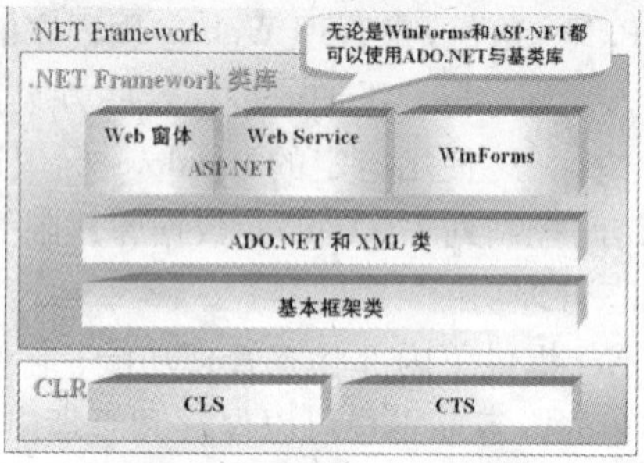

4. 基于 ADO.Net 的数据处理

ADO.Net 技术是一种数据的访问技术与方法,客户端的数据缓存与处理就是使用 ADO.Net 来解决的。同样,Web 应用程序的服务器端也可以采用 ADO.Net 技术来进行数据的处理。

ADO.Net 借用 XML 的力量来提供

图 1-3 .Net Framework 及框架组件的层级关系

对数据的断开式访问。ADO.Net 的设计与.Net 框架中 XML 类的设计是并进的——它们都是同一个结构的组件。

ADO.Net 和.Net 框架中的 XML 类集成于 DataSet 对象。无论 DataSet 是文件还是 XML 流,它都可以使用来自 XML 源的数据来进行填充。无论 DataSet 中数据的数据源是什么,DataSet 都可以写为符合 WWW 联合会(W3C)的 XML,并且将其架构包含为 XML 架构定义语言(XSD)架构。由于 DataSet 固有的序列化格式为 XML,它是在层间移动数据的优良媒介,这使 DataSet 成为以远程方式向 XML Web services 发送数据和架构上下文以及从 XML Web services 接收数据和架构上下文的最佳选择。

第 3 章中的 ICSS-ETC 在线考试系统采用 ADO.Net 技术来处理服务器端的数据。ADO.Net 包括两个组件:.Net Framework 数据提供程序和数据集(DataSet)。.Net Framework 数据提供程序中的库,用于在.Net 应用程序的各种数据存储之间通信。.Net Framework 中包括了数据源连接、数据处理命令、数据读取、数据适配等对象,还可以将 ADO.Net 作为一种虚拟的数据库、断开连接的数据缓存来使用,用以处理脱机的数据。图 1-4 显示了 ADO.Net 的结构。

图 1-4 中的 DataSet 数据集就是一个虚拟的数据库,它的结构和数据库非常的相似。它由表集合和关系集合组成,表下面又分为行集合和列集合以及约束的集合。.Net 集成开发环境(IDE)对 DataSet 提供了强有力的支持,使得用数据集编程变得更加容易与准确。DataSet 的层次结构模型如图 1-5 所示。

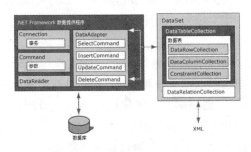

图 1-4 ADO.Net 的结构图

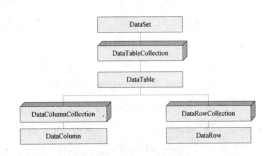

图 1-5 数据集(DataSet)的层次结构模型

1.3 .Net 项目开发工具

1.3.1 Microsoft Visual Studio 集成平台

Visual Studio 是一套完整的开发工具,用于生成 ASP.Net Web 应用程序、XML Web services、桌面应用程序和移动应用程序。Visual Basic、Visual C# 和 Visual C++ 都使用相同的集成开发环境(IDE),这样就能够工具共享,并能够轻松地创建混合语言解决方案。

1.3.2 软件测试工具

软件测试工具分为自动化软件测试工具和测试管理工具。自动化测试工具是为了提高测试效率,用软件来代替一些人工输入;测试管理工具是为了复用测试,提高软件测试的价值。

1. 工具推荐

开源测试管理工具:Bugfree、Bugzilla、TestLink、mantis zentaopms。

开源功能自动化测试工具:Watir、Selenium、MaxQ、WebInject。

开源性能自动化测试工具:Jmeter、OpenSTA、DBMonster、TPTEST、Web Application Load Simulator。

禅道测试管理工具:功能比较全面的测试管理工具,功能涵盖软件研发的全部生命周期,为软件测试和产品研发提供一体化的解决方案,是一款优秀的国产开源测试管理工具。

Quality Center:基于 Web 的测试管理工具,可以组织和管理应用程序测试流程的所有阶段,包括指定测试需求、计划测试、执行测试和跟踪缺陷。

QuickTest Professional:用于创建功能和回归测试。

LoadRunner:预测系统行为和性能的负载测试工具。

其他测试工具与框架还有 Rational Functional Tester、Borland Silk 系列工具、WinRunner、Robot 等。

国内免费软件测试工具有 AutoRunner 和 TestCenter。

国内介绍软件测试工具比较好的网站为 51Testing 软件测试论坛。

1)WinRunner

WinRunner 最主要的功能是自动重复执行某一固定的测试过程,它以脚本的形式记录手工测试的一系列操作,在环境相同的情况下重放,检查其在相同的环境中有无异常的现象或与实际结果不符的地方。可以减少由于人为因素造成的错误,同时也可以节省测试人员的测试时间和精力。功能模块主要包括:GUI map、检查点、TSL 脚本编程、批量测试、数据驱动等。

2) LoadRunner

LoadRunner 是一种预测系统行为和性能的工业标准级负载测试工具。通过模拟上千万用户实施并发负载及实时性能监测的方式来确认和查找问题,LoadRunner 能够对整个企业架构进行测试。使用 LoadRunner,企业能最大限度地缩短测试时间,优化性能和加速应用系统的发布周期。LoadRunner 是一种适用于各种体系架构的自动负载测试工具,它能预测系统行为并优化系统性能。LoadRunner 的测试对象是整个企业的系统,它通过模拟实际用户的操作行为和实行实时性能监测来帮助用户更快地查找和发现问题。此外,它还能支持广泛的协议和技术,为用户的特殊环境提供特殊的解决方案。

3) QTP

QTP 是 B/S 系统自动化功能测试的一个利器,是一种软件程序测试工具。Mercury 自动化功能测试软件 QuickTest Professional,可以覆盖绝大多数的软件开发技术,简单高效,并具备测试用例可重用的特点。Mercury QuickTest Pro 是一款先进的自动化测试解决方案,用于创建功能和回归测试。它自动捕获、验证和重放用户的交互行为。Mercury QuickTest Pro 为每一个重要软件应用和环境提供功能和回归测试自动化的行业最佳解决方案。

4) TestDirector

TestDirector 是一款基于 Web 的测试管理工具,能够让用户系统地控制整个测试过程,并创建整个测试工作流的框架和基础,使整个测试管理过程变得更为简单和有组织。它能够帮助用户维护一个测试工程数据库,并且能够覆盖用户的应用程序功能性的各个方面;并且还为用户提供直观和有效的方式来计划和执行测试集、收集测试结果并分析数据;专门提供了一个完善的缺陷跟踪系统;可以同 Mercury 公司的测试工具、第三方或者自主开发的测试工具、需求和配置管理工具、建模工具整合。用户可以通过它进行需求定义、测试计划、测试执行和缺陷跟踪,即整个测试过程的各个阶段。

5) SilkTest

SilkTest 是面向 Web、Java 和传统的 C/S 应用,进行自动化功能测试和回归测试的工具。它提供了用于测试的创建和订制的工作流设置、测试计划和管理、直接的数据库访问及校验等功能,使用户能够高效率地进行软件自动化测试。

为提高测试效率,SilkTest 提供了多种手段来提高测试的自动化程度,包括从测试脚本的生成、测试数据的组织、测试过程自动化、测试结果分析等方面。在测试脚本的生成过程中,SilkTest 通过动态录制技术,录制用户的操作过程,快速生成测试脚本。在测试过程中,SilkTest 还提供了独有的恢复系统(recovery system),允许测试在 24×7×365 全天候无人看管条件下运行。在测试过程中一些错误导致被测应用崩溃时,错误会被发现并记录下来,之后被测应用可以被恢复到它原来的基本状态,以便进行下一个测试用例的测试。

6) Selenium

Selenium 是为 Web 应用开发的一套完整的测试系统。Selenium 测试直接运行在浏览器中,就像真正的用户在操作一样。它的主要功能包括:测试与浏览器的兼容性——测试应用程序是否能够在不同浏览器和操作系统上很好地工作;测试系统功能——创建衰退测试检验软件功能和用户需求;支持自动录制动作和自动生成。Selenium 的核心 Selenium Core 基于

JsUnit，完全由 JavaScript 编写，因此可运行于任何支持 JavaScript 的浏览器上，包括 IE、Mozilla Firefox、Chrome、Safari 等。

7) TPT

TPT 是针对嵌入式系统的基于模型的测试工具，特别适用于对控制系统的软件功能测试。TPT 支持所有的测试过程，包括测试建模、测试执行、测试评估以及测试报告的生成。

TPT 软件使用分时段测试（time partition testing），使得控制系统的软件测试技术得以极大提升；同时由于 TPT 软件支持众多业内主流的工具平台和测试环境，能够更好地利用客户已有的投资，实现各种异构环境下的自动化测试；针对 MATLAB/Simulink/Stateflow 以及 TargetLink，TPT 提供了全方位的支持进行模型测试。

TPT 软件是针对基于时间和带反馈的嵌入式系统所开发的测试工具，这些系统往往需要大量的测试用例来保证系统的可靠性。TPT 的设计理念是寻找出大量的测试用例中的相似点和不同点，然后通过对测试用例分割、建模和组合，减少测试用例中重复的部分，提高测试用例的构建效率和复用度，避免无用的冗余。另外，TPT 软件通过丰富的测试环境平台接口，使得 TPT 构建的测试用例可以在产品开发的不同阶段被充分利用，而不是面临不同的阶段采用不同的测试工具，需要重新构建测试用例。

2. 测试内容

1) 负载压力

这类测试工具的主要目的是度量应用系统的可扩展性和性能，是一种预测系统行为和性能的自动化测试工具。在实施并发负载过程中，通过实时性能监测来确认和查找问题，并针对所发现的问题对系统性能进行优化，确保应用的成功部署。负载压力测试工具能够对整个企业架构进行测试，通过这些测试，企业能最大限度地缩短测试时间，优化性能和缩短应用系统的发布周期。

2) 功能测试

通过自动录制、检测和回放用户的应用操作，将被测系统的输出记录同预先给定的标准结果比较，功能测试工具能够有效地帮助测试人员对复杂的企业级应用的不同发布版本的功能进行测试，提高测试人员的工作效率和质量。其主要目的是检测应用程序是否能够达到预期的功能并正常运行。

3) 白盒测试

白盒测试工具一般是针对代码进行测试，测试中发现的缺陷可以定位到代码级。根据测试工具原理的不同，又可分为静态测试工具和动态测试工具。静态测试工具直接对代码进行分析，不需要运行代码，也不需要对代码编译链接和生成可执行文件。静态测试工具一般是对代码进行语法扫描，找出不符合编码规范的地方，根据某种质量模型评价代码的质量，生成系统的调用关系图等。动态测试工具一般采用"插桩"方式，在代码生成的可执行文件中插入一些监测代码，用来统计程序运行时的数据。它与静态测试工具最大的不同点是动态测试工具要求被测系统实际运行。

4) 测试管理

一般而言，测试管理工具对测试需求、测试计划、测试用例、测试实施进行管理，并且测试管理工具还包括对缺陷的跟踪管理。测试管理工具能让测试人员、开发人员或其他 IT 人员通过一个中央数据仓库，在不同地方就能交互信息。

5）测试辅助

这些工具本身并不执行测试，例如它们可以生成测试数据，为测试提供数据准备。

3. 实训项目测试工具介绍

1）Nunit 测试工具

Nunit 是一个单元 Nunit 测试框架，供.Net 开发人员做单元测试之用，专门针对于.Net，适合于所有.Net 语言（Nunit is a unit-testing framework for all .Net languages.），xUnit 家族的一员，从 JUnit 而来，完全用 C#编写，且编写时充分利用了.Net 的特性，比如反射、客户属性等。

（1）Nunit 运行画面。

Nunit 运行画面，如图 1-6 所示。

（2）Nunit 布局。

左面：我们写的每一个单元测试；

右边：测试进度条；

测试执行状态：用进度条的颜色来反映；

绿色：所有测试案例运行成功；

黄色：某些测试被忽略，但没有失败；

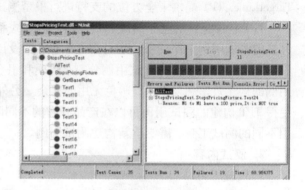

图 1-6　Nunit 运行界面

红色：有的测试案例没有成功执行。

文本窗口标签：

Errors and Failures：显示失败的测试；

Tests Not Run：显示没有得到执行的测试；

Console.Error：显示运行测试产生的错误消息，这些消息是应用程序代码使用 Console.Error 输出流输出的；

Console.Out：显示运行测试打印到 Console.Error 输出流的文本消息；

底部状态条：表示当前运行的测试的状态；

Ready：准备就绪；

Running：测试执行中（Running：test-name）；

Completed：所有测试完成时；

Test Cases：说明加载的程序集中测试案例的总个数，即测试树里叶子节点的个数；

Tests Run：已经完成的测试个数；

Failures：到目前为止，所有测试中失败的个数；

Time：测试运行时间（以秒计）。

（3）常用属性。

TestFixture 属性：标记该类包含要测试的方法，即测试类，对该测试类的限制有如下三点。

①访问方式必须是 Public，否则 Nunit 看不到它的存在；

②必须有一个缺省的构造函数，否则 Nunit 不会构造它；

③构造函数应该没有任何副作用，因为 Nunit 在运行时经常会构造这个类多次。

Test 属性：标记某个类（该类已经被标记为 TestFixture）的某个方法是可以测试的，对该测试方法的限制有如下三点。

①访问方式必须是 Public；
②不能有参数；
③不能有返回值。

（4）使用 Nunit 框架。

使用要求：

①使用 Nuint. Framework 命名空间；
②每个包含测试的类都必须带 TestFixture 属性标记，且这个类必须是 public；
③测试类中的每个测试方法必须带 Test 属性标记，且该方法必须是 public；
④每个测试的运行相互独立；
⑤可在任何时候以任意顺序运行每个测试。

使用 Nunit 框架如图 1-7 所示。

（5）Nunitg 与 Assert 类的静态方法比较。

使用 Assert（断言）与 Nunit 进行比较，Assert 是一个类，包括的静态方法有：

① Assert. AreEqual (object expected, object actual [, string message]) verifies that two objects are equal. if they are not equal, an NUnit. Framwork. AssertionException is thrown.

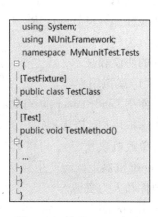

图 1-7 使用 Nunit 框架

参数说明：

expected：期望值（通常是硬编码的）。

actual：被测试代码实际产生的值。

message：一个可选消息，将会在发生错误时报告这个消息。

比较浮点数（float 或 double）时，要指定一个额外的误差参数。

②Assert. AreEqual(object expected, object actual, float tolerance [, string message])

参数说明：

tolerance：指定的误差，即精确到小数点后 x 位。

例如：精确到小数点后 4 位，Assert. AreEqual（0.6667, 2.0/3, 0.0001）；

③Assert. AreNotEqual(object expected, object actual)

 asserts that two objects are not equal。

④Assert. AreSame(object expected, object actual [, string message])

 asserts that two objects refer to the same object

验证 expected 和 actual 两个参数是否引用一个相同的对象。

⑤Assert. AreNotSame(object expected, object actual [, string message])

asserts that two objects do refer to the same object。

⑥Assert. IsNull(object [, string message])。

⑦Assert. IsNotNull(object [, string message])。

⑧Assert. IsTrue(bool condition [, string message])。

⑨Assert. IsFalse(bool condition [, string message])。
⑩Assert. Fail([string message])。

2) LoadRunner 测试工具

LoadRunner 是一种预测系统行为和性能的负载测试工具。通过模拟上千万用户实施并发负载及实时性能监测的方式来确认和查找问题，LoadRunner 能够对整个企业架构进行测试。企业使用 LoadRunner 能最大限度地缩短测试时间、优化性能和缩短应用系统的发布周期。LoadRunner 可适用于各种体系架构的自动负载测试，能预测系统行为并评估系统性能。

企业的网络应用环境都必须支持大量用户，网络体系架构中含各类应用环境且由不同供应商提供软件和硬件产品。难以预知的用户负载和愈来愈复杂的应用环境使公司总是担心会发生用户响应速度过慢、系统崩溃等问题，这些都不可避免地会导致公司收益受损。Mercury Interactive 的 LoadRunner 能让企业保护自己的收入来源，无需购置额外硬件而最大限度地利用现有的 IT 资源，并确保终端用户在应用系统的各个环节中对其测试应用的质量、可靠性和可扩展性都有良好的评价。LoadRunner 的测试对象是整个企业的系统，通过模拟实际用户的操作行为和实行实时性能监测，来帮助企业客户更快地查找和发现问题。LoadRunner 能支持广泛的协议和技术，其主要功能如下：

(1) 虚拟用户。

使用 LoadRunner 的 Virtual User Generator，用户能很简便地创立系统负载。该引擎能够生成虚拟用户，以虚拟用户的方式模拟真实用户的业务操作行为。它先记录下业务流程(如下订单或机票预定)，再将其转化为测试脚本。利用虚拟用户，用户可以在 Windows，UNIX 或 Linux 机器上同时产生成千上万个用户访问。所以 LoadRunner 能极大地减少负载测试所需的硬件和人力资源。

用 Virtual User Generator 建立测试脚本后，可以对其进行参数化操作，这一操作能让开发人员利用几套不同的实际发生数据来测试其应用程序，从而反映出本系统的负载能力。以一个订单输入过程为例，参数化操作可将记录中的固定数据，如订单号和客户名称，由可变值来代替。在这些变量内随意输入可能的订单号和客户名，来匹配多个实际用户的操作行为。

(2) 真实负载。

Virtual users 建立后，开发人员需要设定其负载方案、业务流程组合和虚拟用户数量。使用 LoadRunner 的 Controller，能很快组织起多用户测试方案。Controller 的 Rendezvous 功能提供一个互动的环境，在其中既能建立起持续且循环的负载，又能管理和驱动负载测试方案。而且，可以利用它的日程计划服务来定义用户在什么时候访问系统以产生负载。这样，就能将测试过程自动化。同样还可以用 Controller 来限定负载方案，在这个方案中所有的用户同时执行一个动作——如登陆到一个库存应用程序——来模拟峰值负载的情况。另外，还能监测系统架构中各个组件的性能——包括服务器、数据库、网络设备等——来帮助客户决定系统的配置。

(3) 定位性能。

LoadRunner 内含集成的实时监测器，在负载测试过程的任何时候，我们都可以观察到应用系统的运行性能。这些性能监测器会实时显示交易性能数据(如响应时间)和其他系统组件包括 application server，web server，网络设备和数据库等的实时性能。这样，就可以在测试过程中从客户和服务器双方面评估这些系统组件的运行性能，从而更快地发现问题。

利用 LoadRunner 的 ContentCheck TM，可以判断负载下的应用程序功能正常与否。ContentCheck 在 Virtual users 运行时，检测应用程序的网络数据包内容，从中确定是否有错误内容传送出去。它的实时浏览器从终端用户角度观察程序性能状况。

（4）分析结果。

一旦测试完毕后，LoadRunner 收集汇总所有的测试数据，并提供高级的分析和报告工具，以便迅速查找到问题并追溯缘由。使用 LoadRunner 的 Web 交易细节监测器，可以了解到将所有的图像、框架和文本下载到每一网页上所需的时间。例如，这个交易细节分析机制能够分析是否因为一个大尺寸的图形文件或是第三方的数据组件造成应用系统运行速度减慢。另外，Web 交易细节监测器分解用于客户端、网络和服务器上端到端的反应时间，便于确认问题，定位查找真正出错的组件。例如，可以将网络延时进行分解，以判断 DNS 解析时间、连接服务器或 SSL 认证所花费的时间。通过使用 LoadRunner 的分析工具，能快速查找到出错的位置和原因并作出相应的调整。

（5）重复测试。

负载测试是一个重复过程。每次处理完一个出错情况，都需要对相应的应用程序在相同的方案下，再进行一次负载测试，以此检验所做的修正是否改善了运行性能。

LoadRunner 完全支持 EJB 的负载测试。这些基于 Java 的组件运行在应用服务器上，提供广泛的应用服务。通过测试这些组件，可以在应用程序开发的早期就确认并解决可能产生的问题。

利用 LoadRunner，可以很方便地了解系统的性能。它的 Controller 允许重复执行与出错修改前相同的测试方案。它的基于 HTML 的报告为我们提供一个比较性能结果所需的基准，以此衡量在一段时间内，在多大程度上改进并确保应用成功。由于这些报告是基于 HTML 的文本，可以将其公布于公司的内部网上，便于随时查阅。

LoadRunner 性能测试如下：

（1）虚拟用户。

LoadRunner 使用虚拟用户（virtual users）来模拟实际用户对业务系统施加压力。虚拟用户在一个中央控制器（controller station）的监视下工作。

在做一个测试方案时，要做的第一件事就是创建虚拟用户执行脚本。LoadRunner 提供了 Virtual User Generator 来录制或编辑虚拟用户脚本。

①使用 Vugen 创建虚拟用户执行脚本：

a. 从菜单中选择运行 Virtual User Generator。

b. 创建一个单协议脚本，选择协议类型为"Tuxedo 7"。

c. 在弹出的窗口中输入 Tuxedo 客户机程序的可执行文件名（SimpApp.exe），并选择"Record into Action"为 Action。点击"OK"开始录制脚本，这时 Vugen 就会启动 Simpapp.exe，输入 WSNADDR，输入字符串（Tuxedo is powerful!）之后，点击 TOUPPER，TUXEDO 服务器完成请求后把输出字符串（TUXEDO IS POWERFUL!）写到"Output string"中，点击停止录制按钮。

d. 编辑 Vuser 脚本。在 c. 中做的所有操作都被录了下来，记录到一个脚本文件中，其内容如下，把它存为 simpapp。

脚本内容如下：

```
#include "lrt.h"
#include "replay.vdf"
Actions()
{
    lrt_tuxputenv("WSNADDR=//172.22.32.25:7110");
    lr_think_time(3);
    tpresult_int = lrt_tpinitialize(LRT_END_OF_PARMS);
    lrt_abort_on_error();
    data_0 = lrt_tpalloc("STRING", "", 1);
    lrt_strcpy(data_0, sbuf_1);
    data_1 = lrt_tpalloc("STRING", "", 1);
    tpresult_int = lrt_tpcall("TOUPPER", data_0, 0, &data_1, &olen, 0);
    lrt_abort_on_error();
    lrt_tpfree(data_0);
    lrt_tpfree(data_1);
    lrt_tpterm();
    return 0;
}
```

代码中是 LoadRunner 对 TUXEDO 函数的二次包装。

e. 点击工具栏中的"执行"按钮来执行已录制的脚本，确保执行无误。

②使用控制器来调度虚拟用户：

a. 从菜单中选择运行 Controller。

b. 创建一个新的 Scenario，选择已录制的脚本(simpapp)。点击"OK"，弹出 Scenario 调度界面。在"Quantity"中输入 100，表示使用 100 个虚拟用户(虚拟用户与购买的 LICENSE 有关联)。

c. 点击"Edit Schedule"来编辑压力调度。

d. 选择"Runtime settings"来作运行时设置。

在 Pacing 的设置中，"Number of Iterations"用于设置 Vusers 的 Actions 被执行的次数；"Start new iteration"用于设置调度器在什么时机迭代执行 Vusers 的 Actions。"Think Time"用于设置 Vusers 的反应和思考时间，以尽量做到和正常人一样来施压。"Ignore think time"表示忽略思考时间，这是理想状态，一般不使用。"As recorded"表示按照录制时的实际操作时间。"Multiply recorded think time by"表示 Vusers 的思考时间是实际录制时间的若干倍。在"Miscellaneous"中设置一些杂项，如使用进程还是使用线程等。对于 TUXEDO，好像只能选进程模式。

e. 选择"Start scenario"来开始本次压力测试调度。

③执行结果分析如下：

施压时间为 5 分 41 秒，Vusers 数量为 100，一共完成 Actions 交易数量为 5625 笔，平均响应时间为 5.561 秒，TPS 为 17.8。

(2) 测试组件。

VuGen Load Generator(虚拟用户生成器)用于捕获最终用户业务流程和创建自动性能测试脚本(也称为虚拟用户脚本)。

Controller(控制器)用于组织、驱动、管理和监控负载测试。

Analysis(分析器)可帮助查看、分析和比较性能结果。

1.4 .Net 项目开发规范

1. 系统编码规范

1)代码格式

(1)所有的缩进为 4 个空格,使用 VS.Net 的默认设置。

(2)在代码中垂直对齐左括号和右括号。

if(x = =0)
{
　　Response.Write("用户编号必须输入!");
}

不允许以下情况:

if(x = =0) {
　　Response.Write("用户编号必须输入!");
}

或者:

if(x = =0){Response.Write("用户编号必须输入!");}

(3)为了防止在阅读代码时不得不滚动源代码编辑器,每行代码或注释在 1024×800 的显示频率下不得超过一显示屏。

(4)当一行被分为几行时,通过将串联运算符放在每一行的末尾而不是开头,清楚地表示没有后面的行是不完整的。

(5)每一行上放置的语句避免超过一条。

(6)在大多数运算符之前和之后使用空格,这样做时不会改变代码的意图却可以使代码容易阅读。

例:

int j = i + k;

而不应写为

int j =i+k;

(7)将大的复杂代码节分为较小的、易于理解的模块。

2)命名指南

(1)大写样式。使用下面的三种大写标识符约定。

①Pascal 大小写。将标识符的首字母和后面连接的每个单词的首字母都大写。可以对三字符或更多字符的标识符使用 Pascal 大小写。例如:

BackColor

②Camel 大小写。标识符的首字母小写,而每个后面连接的单词的首字母都大写。例如:

backColor

③大写。标识符中的所有字母都大写。仅对于由两个或者更少字母组成的标识符使用该

约定。例如:

System.IO

System.Web.UI

可能还必须用大写标识符来维持与现有非托管符号方案的兼容性,在该方案中所有大写字母经常用于枚举和常数值。一般情况下,在使用它们的程序集之外这些字符应当是不可见的。

标识符命名规则见表1-1。

表1-1 标识符命名规则表

标识符	大小写	示例
类	Pascal	AppDomain
枚举类型	Pascal	ErrorLevel
枚举值	Pascal	FatalError
事件	Pascal	ValueChange
异常类	Pascal	WebException(注意:总是以 Exception 后缀结尾)
只读的静态字段	Pascal	RedValue
接口	Pascal	IDisposable(注意:总是以 I 前缀开始)
方法	Pascal	ToString
命名空间	Pascal	System.Drawing
参数	Camel	typeName
属性	Pascal	BackColor
受保护的实例字段	Camel	redValue(注意:很少使用。属性优于使用受保护的实例字段)
公共实例字段	Pascal	RedValue(注意:很少使用。属性优于使用公共实例字段)

(2)区分大小写。为了避免混淆和保证跨语言交互操作,请遵循下列有关区分大小写使用的规则:

①不要使用要求区分大小写的名称。对于区分大小写和不区分大小写的语言,组件都必须完全可以使用。不区分大小写的语言无法区分同一上下文中仅大小写不同的两个名称。因此,在创建的组件或类中必须避免这种情况。

②不要创建仅是名称大小写有区别的两个命名空间。例如,不区分大小写的语言无法区分以下两个命名空间声明。

namespaceee.cummings;

namespaceEe.Cummings;

③不要创建具有仅是大小写有区别的参数名称的函数。下面的示例是不正确的。

voidMyFunction(string a, string A)

④不要创建具有仅是大小写有区别的类型名称的命名空间。在下面的示例中,Point p 和 POINT p 是不适当的类型名称,原因是它们仅是大小写有区别。

System. Windows. Forms. Point p

System. Windows. Forms. POINT p

⑤不要创建具有仅是大小写有区别的属性名称的类型。在下面的示例中,int Color 和 int COLOR 是不适当的属性名称,原因是它们仅是大小写有区别。

int Color {get, set}

int COLOR {get, set}

⑥不要创建具有仅是大小写有区别的方法名称的类型。在下面的示例中,calculate 和 Calculate 是不适当的方法名称,原因是它们仅是大小写有区别。

void calculate( )

void Calculate( )

(3)缩写。为了避免混淆和保证跨语言交互操作,请遵循有关区分缩写的使用的下列规则:

①不要将缩写或缩略形式用作标识符名称的组成部分。例如,使用 GetWindow,而不要使用 GetWin。

②不要使用计算机领域中未被普遍接受的缩写。

③在适当的时候,使用众所周知的缩写替换冗长的词组名称。例如,用 UI 作为 User Interface 的缩写,用 OLAP 作为 On – line Analytical Processing 的缩写。

④在使用缩写时,对于超过两个字符长度的缩写请使用 Pascal 大小写或 Camel 大小写。例如,使用 HtmlButton 或 HTMLButton。但是,应当大写仅有两个字符的缩写,如,System. IO,而不是 System. Io。

⑤不要在标识符或参数名称中使用缩写。如果必须使用缩写,对于由多于两个字符所组成的缩写请使用 Camel 大小写,虽然这和单词的标准缩写相冲突。

(4)措辞。避免使用与常用的 .Net 框架命名空间重复的类名称。例如,不要将以下任何名称用作类名称:System、Collections、Forms 或 UI。有关 .Net 框架命名空间的列表,请参阅类库。

另外,要避免使用和表 1 – 2 所示关键字冲突的标识符。

表 1 – 2 关键字列表

AddHandler	AddressOf	Alias	And	Ansi
As	Assembly	Auto	Base	Boolean
ByRef	Byte	ByVal	Call	Case
Catch	CBool	CByte	CChar	CDate
CDec	CDbl	Char	CInt	Class

续表 1-2

CLng	CObj	Const	CShort	CSng
CStr	CType	Date	Decimal	Declare
Default	Delegate	Dim	Do	Double
Each	Else	ElseIf	End	Enum
Erase	Error	Event	Exit	ExternalSource
False	Finalize	Finally	Float	For
Friend	Function	Get	GetType	Goto
Handles	If	Implements	Imports	In
Inherits	Integer	Interface	Is	Let
Lib	Like	Long	Loop	Me
Mod	Module	MustInherit	MustOverride	MyBase
MyClass	Namespace	New	Next	Not
Nothing	NotInheritable	NotOverridable	Object	On
Option	Optional	Or	Overloads	Overridable
Overrides	ParamArray	Preserve	Private	Property
Protected	Public	RaiseEvent	ReadOnly	ReDim
Region	REM	RemoveHandler	Resume	Return
Select	Set	Shadows	Shared	Short
Single	Static	Step	Stop	String
Structure	Sub	SyncLock	Then	Throw
To	True	Try	TypeOf	Unicode
Until	volatile	When	While	With
WithEvents	WriteOnly	Xor	eval	extends
instanceof	package	var		

(5) 避免类型名称混淆。

不同的编程语言使用不同的术语来标识基本托管类型。类库设计人员必须避免使用语言特定的术语，应遵循本节中描述的规则以避免类型名称混淆。

使用描述类型的含义的名称，而不是描述类型的名称。如果参数除了其类型之外没有任何语义含义，那么在这种罕见的情况下请使用一般性名称。例如，支持将各种数据类型写入到流中的类可以有以下方法。

　　void Write(double value) ;
　　void Write(float value) ;
　　void Write(long value) ;

void Write(int value) ;

void Write(short value) ;

不要创建语言特定的方法名称,如下面的示例所示。

void Write(doubledoubleValue) ;

void Write(floatfloatValue) ;

void Write(longlongValue) ;

void Write(int intValue) ;

void Write(shortshortValue) ;

如果有必要为每个基本数据类型创建唯一命名的方法,那么在这种极为罕见的情况下请使用通用类型名称,见表1-3。

表1-3 基本数据类型及通用替换

C#类型名称	VB 类型名称	JScript 类型名称	VC++类型名称	Ilasm.exe 表示形式	通用类型名称
sbyte	SByte	sByte	char	int8	SByte
byte	Byte	byte	unsigned char	unsigned int8	Byte
short	Short	short	short	int16	Int16
ushort	UInt16	ushort	unsigned short	unsigned int16	UInt16
int	Integer	int	int	int32	Int32
uint	UInt32	uint	unsignedint	unsigned int32	UInt32
long	Long	long	__int64	int64	Int64
ulong	UInt64	ulong	unsigned __int64	unsigned int64	UInt64
float	Single	float	float	float32	Single
double	Double	double	double	float64	Double
bool	Boolean	boolean	bool	bool	Boolean
char	Char	char	wchar_t	char	Char
string	String	string	String	string	String
object	Object	object	Object	object	Object

例如,支持从流读取各种数据类型的类有以下方法。

double ReadDouble( ) ;

float ReadSingle( ) ;

long ReadInt64( ) ;

int ReadInt32( ) ;

short ReadInt16( ) ;

前面的示例优于下面的语言特定的替换。

double ReadDouble( ) ;

float ReadFloat( ) ;

long ReadLong( ) ;

int ReadInt( ) ;

```
short ReadShort();
```

(6)命名空间命名规则。命名空间的一般性规则是使用公司名称，后跟技术名称和可选的功能与设计，如下所示：

CompanyName.TechnologyName[.Feature][.Design]

例如：

Microsoft.Media

Microsoft.Media.Design

给命名空间名称加上公司名称或者其他知名商标的前缀可以避免两个已经发布的命名空间名称相同。例如，Microsoft.Office 是由 Microsoft 提供的 Office Automation Classes 的一个适当的前缀。

在第二级分层名称上使用稳定的、公认的技术名称。将组织层次架构用作命名空间层次架构的基础。命名一个命名空间，该命名空间包含为具有 .Design 后缀的基命名空间提供设计的功能的类型。例如，System.Windows.Forms.Design 命名空间包含用于设计基于 System.Windows.Forms 的应用程序的设计器和相关的类。

嵌套的命名空间应当在包含它的命名空间中的类型上有依赖项。例如，System.Web.UI.Design 中的类依赖于 System.Web.UI 中的类。但是，System.Web.UI 中的类不依赖于 System.UI.Design 中的类。

应当对命名空间使用 Pascal 大小写，并用句点分隔逻辑组件，如 Microsoft.Office.PowerPoint。如果商标使用非传统的大小写，请遵循该商标所定义的大小写，即使它与规定的 Pascal 大小写相背离。例如，命名空间 NeXT.WebObjects 和 ee.cummings 阐释了对于 Pascal 大小写规则的适当背离。

如果在语义上适当，使用复数命名空间名称。例如，使用 System.Collections，而不是 System.Collection。此规则的例外是商标名称和缩写。例如，使用 System.IO 而不是 System.IOs。

不要为命名空间和类使用相同的名称。例如，不要既提供 Debug 命名空间也提供 Debug 类。

最后，请注意命名空间名称不一定要与程序集名称相似。例如，如果命名程序集 MyCompany.MyTechnology.dll，它没有必要非得包含 MyCompany.MyTechnology 命名空间。

(7)类命名规则。以下规则概述命名类的指南：

①使用名词或名词短语命名类。

②使用 Pascal 大小写。

③少用缩写。

④不要使用类型前缀，如在类名称上对类使用 C 前缀。例如，使用类名称 FileStream，而不是 CFileStream。

⑤不要使用下划线字符（_）。

⑥有时候需要提供以字母 I 开始的类名称，虽然该类不是接口。只要 I 是作为类名称组成部分的整个单词的第一个字母，这便是适当的。例如，类名称 IdentityStore 是适当的。

⑦在适当的地方，使用复合单词命名派生的类。派生类名称的第二个部分应当是基类的名称。例如，ApplicationException 对于从名为 Exception 的类派生的类是适当的名称，原因是

ApplicationException 是一种 Exception。要在应用该规则时进行合理的判断。例如，Button 对于从 Control 派生的类是适当的名称。尽管按钮是一种控件，但是将 Control 作为类名称的一部分将使名称不必要地加长。

下面是正确命名的类的示例：

public classFileStream

public classButton

public classString

（8）类成员变量命名规则。

类成员变量加 m_ 前缀，如：int m_ContentLength。

（9）接口命名规则。以下规则概述接口的命名指南：

①用名词或名词短语，或者描述行为的形容词命名接口。例如，接口名称 IComponent 使用描述性名词。接口名称 ICustomAttributeProvider 使用名词短语。名称 IPersistable 使用形容词。

②使用 Pascal 大小写。

③少用缩写。

④给接口名称加上字母 I 前缀，以指示该类型为接口。

⑤在定义类/接口对（其中类是接口的标准实现）时使用相似的名称。两个名称的区别应该只是接口名称上有字母 I 前缀。

⑥不要使用下划线字符（_）。

以下是正确命名的接口的示例：

public interfaceIServiceProvider

public interfaceIFormatable

以下代码示例阐释如何定义 IComponent 接口及其标准实现 Component 类。

public interfaceIComponent
{

}

public class Component：IComponent
{
　　// Implementation code goes here.
}

（10）属性命名规则。应该总是将后缀 Attribute 添加到自定义属性类。以下是正确命名的属性类的示例：

[Visual Basic]

Public ClassObsoleteAttribute

[C#]

public classObsoleteAttribute{}

（11）枚举类型命名规则。枚举（Enum）值类型从 Enum 类继承。以下规则概述枚举的命名指南：

①对于 Enum 类型和值名称使用 Pascal 大小写。

②少用缩写。

③不要在 Enum 类型名称上使用 Enum 后缀。

④对大多数 Enum 类型使用单数名称，但是对作为位域的 Enum 类型使用复数名称。总是将 FlagsAttribute 添加到位域 Enum 类型。

（12）静态字段命名规则。以下规则概述静态字段的命名指南：

①使用名词、名词短语或者名词的缩写命名静态字段。

②使用 Pascal 大小写。

③对静态字段名称使用匈牙利语表示法作前缀。建议尽可能使用静态属性而不是公共静态字段。

（13）参数命名规则。以下规则概述参数的命名指南：

①使用描述性参数名称。参数名称应当具有足够的描述性，以便参数的名称及其类型可在大多数情况下确定它的含义。

②对参数名称使用 Camel 大小写。

③使用描述参数的含义的名称，而不要使用描述参数的类型的名称。开发工具将提供有关参数的类型的有意义的信息。因此，通过描述意义，可以更好地使用参数的名称。少用基于类型的参数名称，仅在适合使用的地方使用。

④不要使用保留的参数。保留的参数是专用参数，如果需要，可以在未来的版本中将其公开。相反，如果在类库的未来版本中需要更多的数据，须为方法添加新的重载。

⑤不要给参数名称加匈牙利语类型表示法的前缀。

以下是正确命名的参数的示例。

TypeGetType(string typeName)

string Format(stringformat, args( ) As object)

（14）方法命名规则。以下规则概述方法的命名指南：

①使用动词或动词短语命名方法。

②使用 Pascal 大小写。

以下是正确命名的方法的实例：

RemoveAll( )

GetCharArray( )

Invoke( )

（15）属性命名规则。以下规则概述属性的命名指南：

①使用名词或名词短语命名属性。

②使用 Pascal 大小写。

③不要使用匈牙利语表示法。

④考虑用与属性的基础类型相同的名称创建属性。例如，如果声明名为 Color 的属性，则属性的类型同样应该是 Color。

以下代码示例阐释正确的属性命名。

public classSampleClass
{
    public ColorBackColor
    {

```
    // Code for Get and Setaccessors goes here.
  }
}
```

以下代码示例阐释提供其名称与类型相同的属性。

```
publicenum Color
{
  // Insert code forEnum here.
}
public class Control
{
  publicColor Color
  {
     get {// Insert code here.}
     set {// Insert code here.}
  }
}
```

以下代码示例不正确,原因是 Color 属性是 Integer 类型的。

```
publicenum Color {// Insert code for Enum here.}
public class Control
{
  publicint Color
  {
     get {// Insert code here.}
     set {// Insert code here.}
  }
}
```

在不正确的示例中,不可能引用 Color 枚举的成员。Color.Xxx 将被解释为访问一个成员,该成员首先获取 Color 属性(在 Visual Basic 中为 Integer 类型,在 C# 中为 int 类型)的值,再访问该值的某个成员(该成员必须是 System.Int 32 的实例成员)。

(16)事件命名规则。以下规则概述事件的命名指南:

①对事件处理程序名称使用 EventHandler 后缀。

②指定两个名为 sender 和 e 的参数。sender 参数表示引发事件的对象。sender 参数始终是 object 类型的,即使在可以使用更为特定的类型时也如此。与事件相关联的状态封装在名为 e 的事件类的实例中。对 e 参数类型使用适当而特定的事件类。

③用 EventArgs 后缀命名事件参数类。

④考虑用动词命名事件。

⑤使用动名词(动词的"ing"形式)创建表示事件前的概念的事件名称,用过去式表示事件后。例如,可以取消的 Close 事件应当具有 Closing 事件和 Closed 事件。不要使用 BeforeXxx/AfterXxx 命名模式。

⑥不要在类型的事件声明上使用前缀或者后缀。例如,使用 Close,而不要使用 OnClose。

⑦通常情况下，对于可以在派生类中重写的事件，应在类型上提供一个受保护的方法（称为OnXxx）。此方法只应具有事件参数e，因为发送方总是类型的实例。

以下示例阐释具有适当名称和参数的事件处理程序。

public delegate voidMouseEventHandler(object sender, MouseEventArgs e);

以下示例阐释正确命名的事件参数类。

public classMouseEventArgs : EventArgs
{
int x;
int y;
  public MouseEventArgs(int x, int y)
{ this. x = x; this. y = y; }
  publicint X { get { return x; } }
  publicint Y { get { return y; } }
}

2. 系统注释规范

注释规范包括：模块(类)注释规范、类的属性注释规范、方法注释规范、代码间注释规范。

1) 模块(类)注释规范

模块开始必须以以下形式书写模块注释：

/// < summary >
///模块编号：<模块编号，可以引用系统设计中的模块编号>
///作用：<对此类的描述，可以引用系统设计中的描述>
///作者：作者中文名
///编写日期：<模块创建日期，格式：YYYY – MM – DD>
/// </summary>

如果模块有修改，则每次修改必须添加以下注释：

/// < summary >
///Log 编号：<Log 编号，从1开始依次增加>
///修改描述：<对此修改的描述>
///作者：修改者中文名
///修改日期：<模块修改日期，格式：YYYY – MM – DD>
/// </summary>

2) 类属性注释规范

在类的属性必须以以下格式编写属性注释：

/// < summary >
///属性说明
/// </summary>

3) 方法注释规范

在类的方法声明前必须以以下格式编写注释：

/// < summary >

/// 说明：<对该方法的说明>
/// </summary>
/// <param name="<参数名称>"><参数说明></param>
/// <returns>
///<对方法返回值的说明，该说明必须明确说明返回的值代表的含义>
/// </returns>

4）代码间注释规范

代码间注释分为单行注释和多行注释。

(1) 单行注释：

// <单行注释>

(2) 多行注释：

/*多行注释1

多行注释2

多行注释3*/

代码中遇到语句块时必须添加注释（if，for，foreach 等），添加的注释必须能够说明此语句块的作用和实现手段（所用算法等）。

1.5 小结

本章介绍了.Net 项目开发实训目标、开发技术、开发工具、开发规范，给出了.Net 项目开发实训的知识、能力、素质目标，讲解了.Net Framework 框架、Windows 应用程序、ASP.Net 应用程序等开发技术和 Visual Studio、Nunit、LoadRunner 等工具。

第 2 章
RealtySys 房产管理系统的设计与开发

2.1 项目描述

随着人类社会的进步和科学技术的发展，人们生活水平也在不断提高，房地产行业已经成为当今社会比较热门的行业。由于房地产销售形式复杂、业务种类繁多，早期的手工销售方式已经不能适应现代房地产销售的需求，在这种情况下，房产信息管理系统应运而生。

本章将完整介绍"RealtySys 房产管理系统"设计与开发过程。依据房产业务需求分析，确定系统的功能需求，给出详细的系统设计方案（包括系统软件体系结构设计、功能设计、数据库结构设计等），采用 Microsoft .Net 技术和数据库技术进行代码开发，通过自动化测试工具 Nunit 进行系统测试。

2.2 项目目标

RealtySys 房产管理系统的功能性目标主要包括以下四个方面：
（1）为房产销售提供全面、准确的信息数据。
（2）为业主与租户提供快捷、细致、周到的服务。
（3）提供严密的记账规则，严格的权限控制，严格的监督机制。
（4）实现门禁、消费"一卡通"功能。

2.3 项目实施

2.3.1 WinForms 应用程序项目准备与环境搭建

1. 建模工具的安装与配置(Rose)

下面以 Rational Rose 7.0 版本为例来说明安装过程。首先运行安装文件中的 Setup.exe 程序，出现的第一个界面如图 2-1 所示。

选择"Install IBM Rational Rose Enterprise Edition"，安装程序首先会检查它能正确运行的基本条件，如图 2-2 所示。

第 2 章　RealtySys 房产管理系统的设计与开发

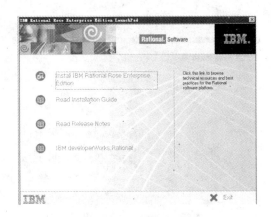

图 2-1　安装启动画面

图 2-2　安装向导

点击"下一步",出现选择发布模式界面,如图 2-3 所示。

选择"Desktop installation from CD image",点击"下一步",便正式进入安装阶段,后续步骤选择默认方式。

2. 开发工具安装与配置

以 Visual Studio 2010 版本来说明 .Net 的安装与配置。放入安装光盘运行 Setup.exe 程序,出现第一个界面,如图 2-4 所示。

图 2-3　发布模式

选择"安装 Microsoft Visual Studio 2010",首先会检查必需的组件,选择"我已阅读并接受许可条款",点击"下一步",出现选择功能和路径界面,如图 2-5 所示。

图 2-4　安装启动画面

图 2-5　安装路径

选择"完全"功能,路径就用默认的,点击"安装",进入安装组件阶段,如图 2-6 所示。最后,系统安装成功,将出现完成画面,如图 2-7 所示。

图2-6 安装过程

图2-7 安装成功画面

点击"完成",结束安装。接下来可以在 Visual Studio 2010 中写一个最简单的"hello world"程序测试一下。首先,第一次使用 Visual Studio 2010 时,会要求选择默认的环境设置,由于将要使用VC,因此需要选择VC的配置。

然后,选择新建项目,如图2-8所示。

如图2-9所示,在接下来的界面,选择建立一个Win32控制台应用程序。

图2-8 新建项目界面

接下来进入创建页面,在 Win32 应用程序向导的第一个页面,直接点击"下一步"即可。在接下来的界面,如图2-10所示,在附加选项中选择"空项目"。

图2-9 新建win32控制台应用程序

图2-10 新建空项目

现在可以添加一个代码文件进来。右键单击项目名称，选择"添加""新建项"；在向导中选择代码、C++文件(.cpp)，名称输入 main，确定，如图 2-11 所示。

编写 main 代码如图 2-12 所示。

图 2-11 添加新项

图 2-12 新建 Main 函数

接下来就可以生成"hello world"了。方法是在"生成"菜单选择"生成 hello world"，生成没有错误的话，就可以用 Ctrl+F5 运行刚刚生成的程序，如图 2-13 所示。

3. DBMS 以及建模工具的安装与配置

任务一：PowerDesigner 的安装与配置

下面以 PowerDesigner 12.5 为例说明 PowerDesigner 的安装与配置。运行安装文件中的 setup.exe 程序，出现安装向导，如图 2-14 所示。

点击"Next"，出现接受许可条款界面，如图 2-15 所示。

选择"I AGREE to the terms of the Sybase license"，然后点击"Next"，出现选择安装目录界面，如图 2-16 所示。

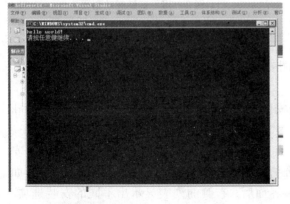

图 2-13 运行界面

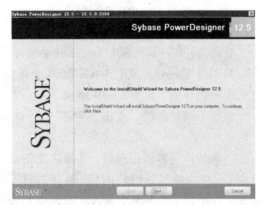

图 2-14 安装界面

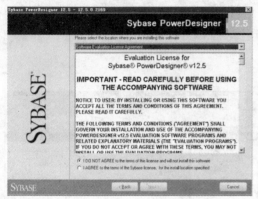
图 2-15 软件协议

图 2-16 选择安装目录

设置好安装位置后，点击"Next"，出现选择安装的细节界面，如图 2-17 所示。后续都按照默认方式进行操作，直到安装成功，如图 2-18 所示。

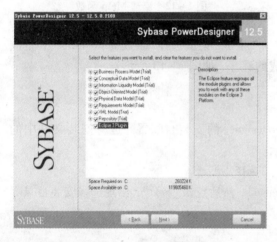
图 2-17 安装组件选择

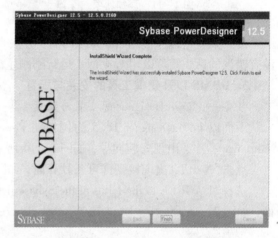
图 2-18 安装成功画面

任务二：Microsoft SQL Server 的安装与配置

我们以 Microsoft SQL Server 2008 为例说明安装过程。点击安装光盘的 Setup.exe，安装之初会检测环境，如图 2-19 所示。

如果不满足条件，点击"确定"，会自动安装相应组件，一般首先安装 .Net Framework 3.5。

当条款声明界面出现后，选择接受条款，点击"安装"。安装完成后，进入 SQL Server 安装中心，可以跳过"计划"内容，直接选择界面左侧列表中的"安装"，进入安装列表选择。如图 2-20 所示，进入 SQL Server 安装中心安装界面后，右侧的列表显示出不同的安装选项。本书以全新安装为例说明整个安装过程，因此这里选择第一个安装选项"全新 SQL Server 独立安装或现有安装添加功能"。

第 2 章　RealtySys 房产管理系统的设计与开发　　35

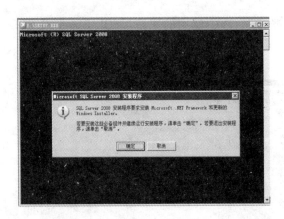

图 2-19　环境检测

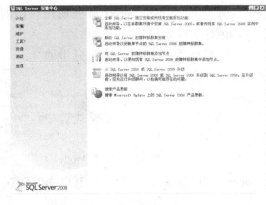

图 2-20　安装界面

之后进入"安装程序支持规则"安装界面，安装程序将自动检测安装环境基本支持情况，需要保证通过所有条件后才能进行下面的安装，如图 2-20 所示。当完成所有检测后，点击"确定"进行下面的安装。

这里选择"执行 SQL Sever 2008 的全新安装"，接下来出现输入产品密钥界面，输入正确产品密钥之后，点击"下一步"，出现接受许可条款界面，选择"我接受许可条款"，点击"下一步"，进入功能选择界面，如图 2-21 所示。

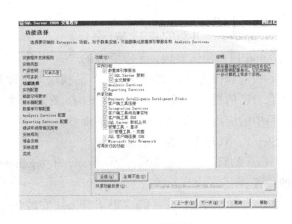

图 2-21　功能选择

点击"全选"，再点击"下一步"，出现的是实例配置界面，如图 2-22 所示。

选择默认实例，点击"下一步"，接下来选择默认的磁盘大小，如图 2-23 所示，在服务器配置中，需要为各种服务指定合法的账户。

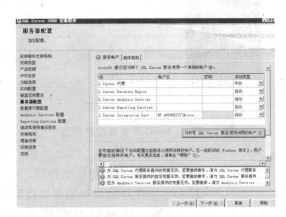

图 2-22　实例配置　　　　　　　　　　图 2-23　服务器配置

点击"对所有 SQL Server 服务使用相同的账号",选中使用的账户。SQL Server 及 SQL Server Broeserver 最好选为自动启动。

接下来是数据库登录时的身份验证。这里需要为 SQL Server 指定一位管理员,本书以系统管理员作为示例,如图 2-24 所示。身份验证模式选中混合模式,并输入密码。

如图 2-24 所示,为"Analysis Services 配置"指定管理员,本书以系统管理员作为示例。后续的安装步骤都按照默认方式进行操作。

图 2-24 数据库引擎配置

4. 软件测试工具安装与配置

任务一:NUnit 的安装与配置

NUnit 是一套开源的基于. Net 平台的类 Xunit 白盒测试架构,支持所有的. Net 平台。这套架构的特点是开源、使用方便、功能齐全。很适合作为. Net 语言开发的产品模块的白盒测试框架。还可以通过扩展该套架构,形成适合自己的更为高级的白盒测试架构。在这个系列中,本书将从最基础的安装、部署到实际项目中的应用,逐步揭开 NUnit 的面纱。

Step 1:NUnit2.5 的下载与安装

NUnit 的官方主页是 http://www.nunit.org/index.php?p=home,在此我们可以找到下载的位置。

doc 是相关的文档,我们这里下载 msi 安装包,然后开始安装,如图 2-25 和图 2-26 所示。

图 2-25 UNnit2.5 安装启动界面

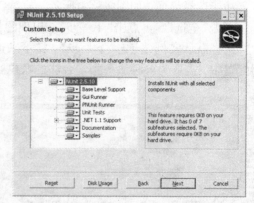

图 2-26 UNnit2.5 安装内容选择界面

Step2:NUnit2.5 运行设置与功能介绍

如图 2-27 所示,在开始菜单中可以找到 NUnit。

运行 NUnit 相关程序就可以看到主界面,如图 2-28 所示。

图 2-27 启动 NUnit 项目

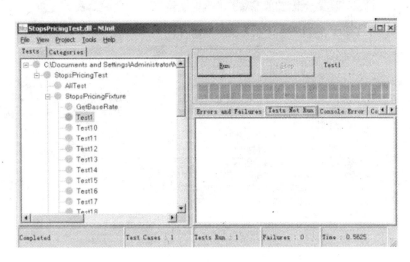

图 2-28　NUnit 运行主界面

下面对各个功能区做简单介绍：

(1) NUnit 工具栏：可以在这里执行所有的 NUnit 功能。主要功能有创建/打开项目，设定项目执行配置，以及为项目添加测试组件等。

(2) 测试树图：这里显示了当前 NUnit 项目中包含的所有测试。有两种显示方式，一种是根据在测试代码中定义的名字空间结构及测试集来显示。还有一种是根据 Category 显示，可以在测试代码中将同类别的测试项目定义为相同的 Category，这样就可以在这种显示方式中将同种类的测试放在一起执行。

(3) 测试执行：这里可以控制测试的运行及中止，并会显示当前项目的测试集执行进度。

(4) 错误显示：在测试没有通过时，会显示错误原因及相关信息。

(5) Log 窗口：在测试中显示 Log 信息，主要有一些异常和错误信息、没有跑到的测试和测试代码的文本输出。

另外还有一个状态栏，在最下边，主要显示当前的运行状态及 Project 的 Case 总数。

Step 3：NUnit2.5 部署与生成测试

安装好 NUnit 后，就可以在项目中部署它来生成测试了。一般白盒测试，不会改动项目功能代码，而是单独为这个测试建立一个测试项目。只要在这个项目中引用 NUnit 组建，就可以使用它了。下面一步步来生成第一个测试。

在 Visual Studio 中，创建一个空项目，并添加 NUnit 组件的引用，NUnit 可以加载的是. dll 或者. exe 类型的组件，创建该类型的项目，如图 2-29 所示。

如图 2-30 所示，为这个项目添加 NUnit 组件引用。

若计算机安装过 2 种以上版本的 NUnit 安装包，会有 2 种以上版本的组件可供选择，使用时需要注意添加的版本是否为所需版本。关于不同版本的差异，可以参考官网上的说明。

现在将下面代码输入到 MyTest. cs 文件，中间有些属性暂时还不理解没有关系，在后续介绍中会详细讲解，现在让第一个测试先 Run 起来。

38 .Net 项目开发实践

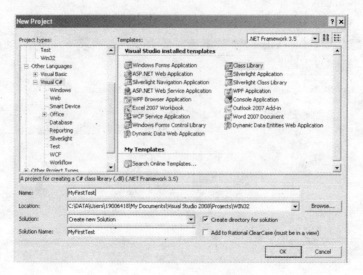

图 2-29 创建 VS 项目

添加NUnit组件引用-1

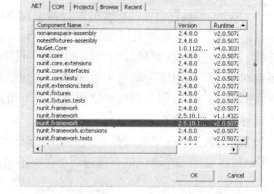

添加NUnit组件引用-2

图 2-30 添加 NUnit 组件引用

[C#]
using System;
using System.Collections;
using NUnit.Framework;
namespace MyFirstTest
{
/// < summary >
/// This is our first Nunit test
/// </ summary >
　　[TestFixture]
　　public class MyTest
　　{
　　　　[Test]

```
        public void Test1( )
        {
            Console.WriteLine("Test1 Pass");
        }
    [Test]
        public void Test2( )
        {
            Console.WriteLine("Test2 Fail");
            Assert.Fail( );
        }
    [Test]
        public void Test3( )
        {
            Console.WriteLine("Test3 Ignore");
            Assert.Ignore( );
        }
    }
}
```

上述代码是对 NUnit 的命名空间进行声明，这步和前面的添加引用缺一不可。

现在可以编译测试工程，会生成一个叫 MyFirstTest.dll 的文件，这个文件就是所需的测试组件，可以用 NUnit 加载并运行它，如图 2-31 和图 2-32 所示。

现在运行测试，测试的运行结果如图 2-33 所示。

这个测试中，定义了一个成功的测试 Test1，失败的测试 Test2，被跳过的测试 Test3。在测试集树图中，不同的测试结果显示的是不同的图标，一目了然。在右边的错误区显示了失败的 Case 及一些测试的统计数据。右下角的 Log 区，显示了错误产生在测试的哪一行，方便测试后的 Debug 工作。另外，在每个测试的代码中，输出了一些信息。这些信息应该显示在 Text Output 这个标签下，并且可以在测试代码中多输出一些便于观察的信息，如图 2-34 所示。

图 2-31 编译测试工程

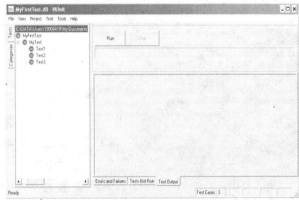

图 2-32 运行测试工程

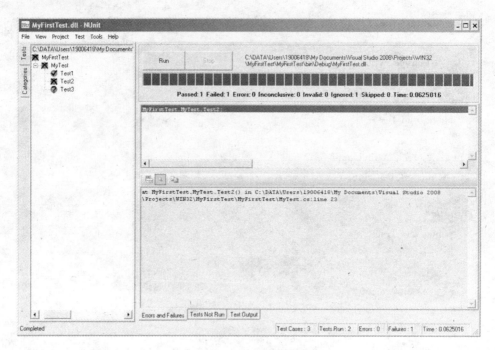

图 2-33 测试运行结果

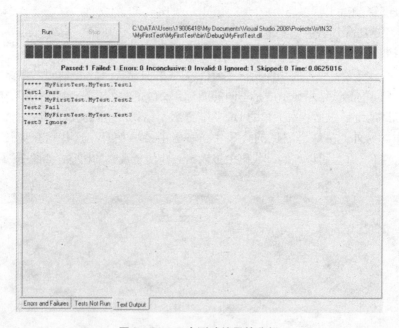

图 2-34 三次测试结果的分析

到此为止,就部署并运行了第一个基于 NUnit 的测试。另外,NUnit 支持最新的 .Net Framework 4。针对不同的 CLR 版本,需要不同的运行环境。首先设置测试工程的 CLR 版本,在 VS 中,选择 Application 属性,选择想要的版本,操作方式如图 2-35 所示。

这里选择的是 .Net Framework 3.5,在 NUnit 中,运行环境切换到 .Net Framework 4(兼容

.Net Framework 3.5)就可以了,如图 2-36 所示。

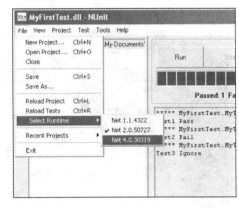

图 2-35　测试工程运行 CLR 版本选择　　　　图 2-36　NUnit 选择兼容.Net 环境

任务二：LoadRunner 的安装

LoadRunner 是一种预测系统行为和性能的负载测试工具。通过模拟上千万用户实施并发负载及实时性能监测的方式来确认和查找问题，LoadRunner 能够对整个企业架构进行测试。通过使用 LoadRunner，企业能最大限度地缩短测试时间、优化性能和加速应用系统的发布周期。LoadRunner 是一种适用于各种体系架构的自动负载测试工具，它能预测系统行为并优化系统性能。

首先，从 hp 官网下载安装文件，双击安装文件中的 setup.exe，出现安装程序的第一个界面，如图 2-37 所示。

选择"LoadRunner 完整安装程序"选项，首先弹出的是安装先决条件检查界面，如图 2-38 所示。

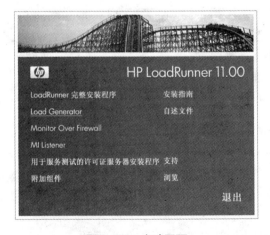 

图 2-37　启动画面　　　　　　　　　　　图 2-38　先决条件

点击"确定"后会首先安装这些组件，然后出现欢迎使用本安装程序界面，如图 2-39 所示。

点击"下一步",出来的是许可协议界面,后续步骤按照默认方式就可以,直至安装完毕,如图2-40所示。

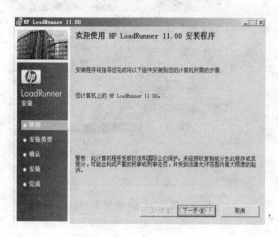
图2-39 安装画面

图2-40 安装成功

2.3.2 RealtySys 房产管理系统需求分析

1. 系统功能模块分析

根据前面对 RealtySys 项目实体的具体情况以及房产类信息管理系统的初步了解,将该系统依据模块化设计的基本思路构建出如下功能模块,如图2-41所示。

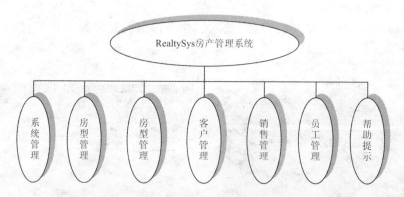
图2-41 RealtySys 房产管理系统功能模块初步规划

1)系统管理

(1)用户登录:输入用户名和密码,进行登录;用户可成功登录时进行使用权限的判定,自动加载可操作界面,提供给相应的用户进行操作。

(2)用户权限:本系统提供给管理员一套专用的授权码,具有较强的保密性。

(3)用户注册:应填入姓名,密码,邮箱地址,用户地址,授权码来进行注册。

(4)用户修改密码:本系统提供用户密码修改的功能。

(5)历史登录用户查看。

根据上述分析，系统管理模块功能结构如图 2-42 所示。

图 2-42 系统管理模块功能结构图

2）楼盘管理

（1）楼盘信息包括：楼盘编号及名称，单元号，房型，实际面积，单价，总价，房库数量，建成时间，楼盘图片。

（2）楼盘信息管理的操作包括：对楼盘信息的添加、修改、删除以及查询。

根据上述分析，楼盘管理模块功能结构如图 2-43 所示。

图 2-43 楼盘管理模块功能结构图

3）房型管理

（1）房型信息主要包括：房型编号，名称，样式，房屋销售情况，楼盘名称，房屋高度，销售面积，价格，房型参考图，备注等。

（2）房型信息管理的操作包括：对房型信息的添加、修改、删除以及查询。

4）客户管理

（1）客户主要包括：一般客户，来访客户，预定客户，购买客户。

（2）客户基本信息主要包括：客户编号，姓名，性别，年龄，家庭地址，联系电话，身份证号码等。

（3）客户需求意向的信息包括：需求面积，需求楼层，需求房型，考虑因素，客户留言。

（4）客户信息的基本操作包括：添加，修改，删除，查询。

根据上述分析，客户管理模块功能结构图如图 2-44 所示。

图 2-44 客户管理模块功能结构图

5)销售管理

(1)销售管理主要包括:房屋销售,已经销售房屋,已经预定房屋,已付款信息。

(2)销售管理信息主要包括:客户名称,联系电话,定购日期,销售面积,销售价格,付款情况。

(3)销售管理的基本操作:添加,修改,删除,查询。

(4)销售管理应当还具备购买和付款的功能。

根据上述分析,销售管理模块功能结构如图 2-45 所示。

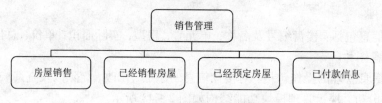

图 2-45 销售管理模块功能结构图

6)员工管理

(1)员工管理主要包括:员工基本信息,已辞员工信息,查询员工信息,新增员工信息。

(2)员工管理信息主要包括:员工编号,姓名,性别,身份证号码,家庭地址,联系电话,部门,学历等。

(3)员工管理的基本操作:对员工的添加,修改,删除,查询。

根据上述分析,员工管理模块功能结构如图 2-46 所示。

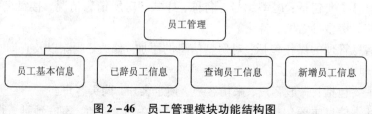

图 2-46 员工管理模块功能结构图

2.3.3 RealtySys 房产管理系统分析与设计

1. 概述

RealtySys 房产管理系统是基于数据库的 Windows 桌面应用程序,采用原型法进行系统设计。

1)原型法设计思想与定义

原型法的基本思想是在投入大量的人力、物力之前,在限定的时间内,用最经济的方法开发出一个可实际运行的系统模型,用户在运行使用整个原型的基础上,通过对其评价,提出改进意见,对原型进行修改,再使用,评价过程反复进行,使原型逐步完善,直到完全满足用户的需求为止。

2)原型法的开发过程

Step1：确定用户的基本需求

由用户提出对新系统的基本要求，如功能、界面的基本形式、所需要的数据、应用范围、运行环境等，开发者根据这些信息估算开发该系统所需的费用，并建立简明的系统模型。

Step2：构造初始原型

系统开发人员在明确了对系统基本要求和功能的基础上，依据计算机模型，以尽可能快的速度和尽可能多的开发工具来建造一个结构仿真模型，即快速原型构架。之所以称为原型构架，是因为这样的模型是系统总体结构，子系统以上部分的高层模型。由于要求快速，这一步骤要尽可能使用一些软件工具和原型制造工具，以辅助进行系统开发。

Step3：运行、评价、修改原型

快速原型框架建造成后，就要交给用户立即投入试运行，各类人员对其进行试用、检查、分析效果。由于构造原型中强调的是快速，省略了许多细节，一定存在许多不合理的部分。所以，在试用中开发人员和用户之间要充分沟通，尤其是要对用户提出的不满意的地方进行认真细致的分析、修改、完善，直到用户满意为止。

Step4：形成最终的管理信息系统

如果用户和开发者对原型比较满意，则将其作为正式原型。双方继续进行细致的工作，把开发原型过程中的许多细节问题逐个补充、完善、求精，最后形成一个适用的管理信息系统。

原型法开发过程如图2-47所示。

3）原型法的优缺点和适用范围

优点：符合人们认识事物的规律，系统开发循序渐进，反复修改，确保较好的用户满意度；开发周期短，费用相对少；由于有用户的直接参与，系统更加贴近实际；易学易用，减少用户的培训时间；应变能力强。

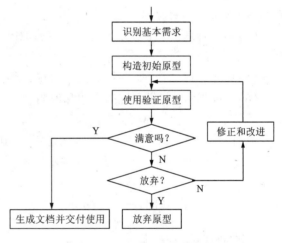

图2-47 原型法设计模式

缺点：不适合大规模系统的开发；开发过程管理要求高，整个开发过程要经过"修改—评价—再修改"多次反复；用户过早看到系统原型，误认为系统就是这个模样，易使用户失去信心；开发人员易将原型取代系统分析；缺乏规范化的文档资料。

适用范围：适用于处理过程明确、简单的系统；涉及面窄的小型系统。不适用于大型、复杂系统；存在大量运算、逻辑性强的处理系统；管理基础工作不完善、处理过程不规范系统；大量批处理系统。

2. RealtySys 房产管理系统分析与设计方案

1）系统功能需求分析

Step1：业务描述

（1）为了便于客户及时了解开发商及楼盘信息，减少企业销售人员在销售、管理上的工作量，房产销售管理系统设计应满足对销售管理工作的需求。

（2）房地产销售业务应具备企业信息管理、楼盘信息管理、房型信息管理、客户信息管理、销售信息管理等模块。

（3）系统应提供楼盘与房型信息的管理功能，能够非常方便地查询楼盘信息。

（4）销售系统应提供销售管理信息，包括客户购房信息，价格信息，被购房屋的动态数据显示。

（5）系统应具备规划管理功能，对规划进行分类。

（6）系统应具备一定的物业管理功能。

（7）系统应具有一个友好的用户操作界面，以及必要的帮助提示。

Step2：功能分析

本系统包括企业信息管理、规划分类、客户管理、销售管理、物业管理以及帮助提示六大部分。

（1）企业信息管理：用于介绍产品的基本信息，员工风貌等。

（2）规划分类：是房产类型的一些基本信息，如商场、写字楼、公寓、周边设施等，能合理地反映楼盘的情况，并可随时查询楼盘信息。

（3）客户管理：主要包括来访客户、一般客户、预订客户、购买客户，这样能及时准确地查阅客户的信息，有针对性地进行工作。

（4）销售管理：用于对楼盘所有房屋的销售情况进行管理，包括已付金额、未销售房型、现有房型等信息。

（5）物业管理：用于介绍物业公司信息、管理内容等。

（6）帮助提示：提供系统的介绍和说明。

2）原型法建模（构建项目界面原型）

根据上述业务功能描述，接下来构建每个功能模块的原型界面，这些原型将是开发人员与用户进行交互的原始资料，通过对原型的不断修改，开发人员可以更准确地定义用户的实际需求。

（1）登录界面，如图2-48所示。

图2-48　登录界面

(2) 系统主界面,如图 2-49 所示。

图 2-49　系统主界面

(3) 规划管理界面,如图 2-50 所示。

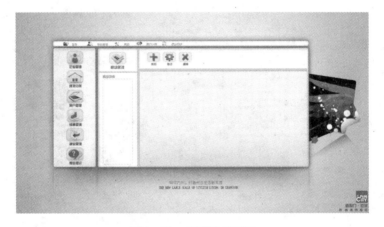

图 2-50　规划管理界面

(4) 物业公司管理界面,如图 2-51 所示。

图 2-51　物业公司管理界面

(5) 服务范围介绍界面,如图2-52所示。

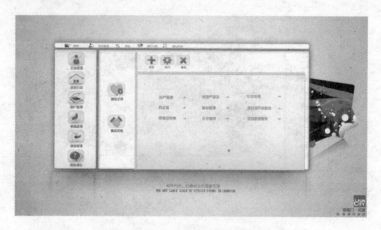

图2-52　服务范围介绍界面

(6) 客户(业主及租户)管理界面,如图2-53所示。

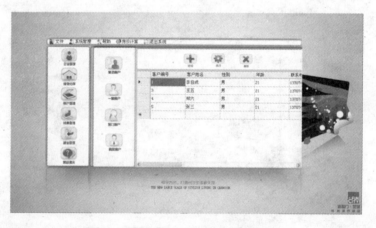

图2-53　客户(业主及租户)管理界面

(7) 企业管理界面,如图2-54所示。

图2-54　企业管理界面

(8) 销售管理界面,如图 2-55 所示。

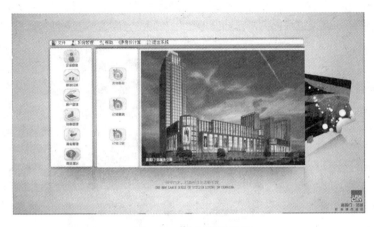

图 2-55 销售管理界面

(9) 用户支付界面,如图 2-56 所示。

(10) 楼盘管理界面,如图 2-57 所示。

图 2-56 用户支付界面

图 2-57 楼盘管理界面

(11) 用户注册界面,如图 2-58 所示。

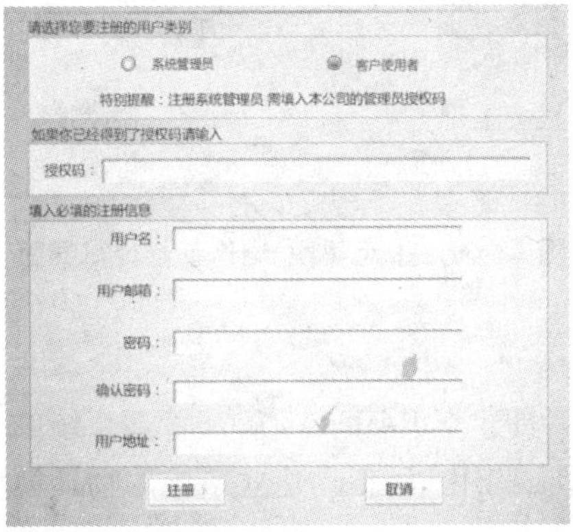

图 2-58 用户注册界面

(12)楼盘管理界面,如图 2-59 所示。

图 2-59　楼盘管理界面

(13)楼盘契税/维修基金计算界面,如图 2-60 所示。

图 2-60　楼盘契税/维修基金计算界面

3)数据库设计

采用 PowerDesigner 建模工具建立 RealtySys 房产管理系统的 E-R 图,如图 2-61 所示。根据上面的数据概念模型,利用 PD 工具建立系统的物理模型和实际数据库。

数据库表格清单见表 2-1。

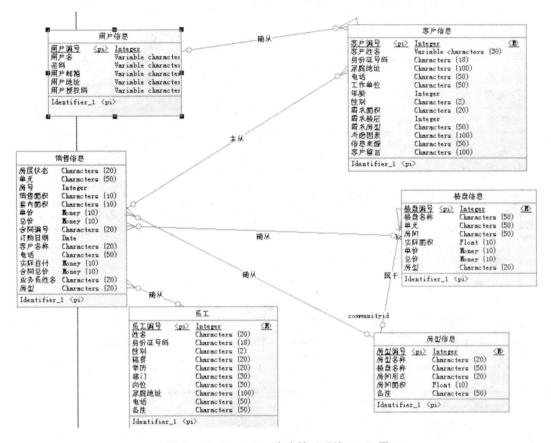

图 2-61 RealtySys 房产管理系统 E-R 图

表 2-1 RealtySys 房产管理系统各数据表代码及说明

序号	数据表代码	数据表名称
1	User	用户信息表
2	AdminAccreditId	管理员授权码信息表
3	UserLoginedName	登录用户信息表
4	Commonly	客户信息表
5	EmpInfo	员工信息表
6	Community	楼盘信息表
7	House	房型信息表
8	notHouse	未销售房屋信息表
9	SaleInfo	销售信息表

根据数据库表格清单的要求，以及需求文档对于每个定义实体中属性的具体描述，可编撰出 RealtySys 房产管理系统的数据字典，详细情况如下。

(1) 用户信息(User)：用于登录，注册，见表2-2。

表2-2 用户信息表(User)

内容	字段名	字段类型	字段长度	是否为空	约束
用户编号	Userid	int	—	Not Null	主键，标列
用户名	Username	Varchar	20	Not Null	
密码	Userpwd	Varchar	20	Not Null	
用户邮箱	Useremail	Varchar	30	Not Null	
用户地址	Useraddress	Varchar	50	Null	
用户授权码	AccreditId	Varchar	50	Null	

(2) 管理员授权码(AdminAccreditId)：用于权限判断，见表2-3。

表2-3 管理员授权码表(AdminAccreditId)

内容	字段名	字段类型	字段长度	是否为空	约束
管理员编号	AdminId	int	—	Not Null	主键，标列
管理员授权码	AccreditId	Varchar	50	Not Null	

(3) 成功登录的用户(UserLoginedName)：用于查询，见表2-4。

表2-4 登录的用户表(UserLoginedName)

内容	字段名	字段类型	字段长度	是否为空	约束
登录用户id	Userid	int	—	Not Null	主键，标列
用户姓名	UserName	Varchar	50	Not Null	
用户权限	UserAccred	Varchar	20		
用户登录时间	UserLoginTime	Datetime	—		

(4) 客户信息表(Commonly)，见表2-5。

表2-5 客户信息表(Commonly)

内容	字段名	字段类型	字段长度	是否为空	约束
客户编号	ClientNo	int	—	Not Null	主键，标列
客户姓名	ClientName	Varchar	30	Not Null	
性别	Sex	Varchar	2	Null	男或女

续表 2-5

内容	字段名	字段类型	字段长度	是否为空	约束
年龄	Age	Int	—	Null	
电话	Mobiletel	Varchar	50	Null	
需求面积	Demadarea	Varchar	20	Null	
需求楼层	Demfloor	Varchar	50	Null	
需求房型	Demmode	Varchar	20	Null	
价格反应	Pricefeedback	Varchar	50	Null	
付款方式	Paytype	Varchar	50	Null	
购买意向	Purchaseexpect	Varchar	30	Null	
考虑因素	Consider	Varchar	100	Null	
家庭地址	Address	Varchar	50	Null	
职业	Profession	Varchar	50	Null	
身份证号码	ClientcardId	Varchar	18	Null	
工作单位	workUnit	Varchar	100	Null	实数
信息来源	InfoFrom	Varchar	100	Null	

(5) 员工信息表(EmpInfo)，见表 2-6。

表 2-6 员工信息表(EmpInfo)

内容	字段名	字段类型	字段长度	是否为空	约束
员工编号	EmpID	int	—	Not Null	主键，标列
姓名	EmpName	Varchar	30	Null	
身份证号	EmpCardID	Varchar	18		
性别	Sex	Varchar	2		
学历	Education	Varchar	50		
部门	Partment	Varchar	30		
岗位	Station	Varchar	30		
家庭地址	EmpAddress	Varchar	50		
电话	EmpMobileTel	Varchar	20		
备注	Remark	Varchar	200		
照片	EmpPhoto	varchar	20		

(6) 楼盘信息表(Community),见表 2-7。

表 2-7 楼盘信息表(Community)

内容	字段名	字段类型	字段长度	是否为空	约束
楼盘编号	CommunityNo	int	—	Not Null	主键,标列
楼盘名称	Communityname	Varchar	50	Not Null	
单元	Cell	Int	—		
房屋样式	Room	Varchar	100	Not null	
实际面积	Factarea	Float	—	Not null	
单价	Unitprice	Money	—	Not null	
总价	Totalrice	Money	—	Not null	
库房数量	Houses	Int	—		
建成时间	Communitytime	Varchar	20		
照片路径	Communitypic	Varchar	100		
楼盘简介	Commjunityji	Varchar	100		

(7) 房型信息表(House),见表 2-8。

表 2-8 房型信息表(House)

内容	字段名	字段类型	字段长度	是否为空	约束
房型编号	Houseno	int	—	Not Null	主键,标列
房型名称	Housename	Varchar	75	Not Null	
房屋销售情况	Houseestate	Varchar	30	Not null	
楼盘名称	Communityname	Varchar	75	Not null	
房屋样式	Houseform	Varchar	40		
房屋高度	Storyheight	Float	—		
套内面积	Createarea	Float	—		
房屋价格	Houseprice	Money	—	Not null	
备注	Remark	Varcha	100		
照片路径	Housephoto	Varchar	100		

(8)未销售房屋信息表(notHouse),见表2-9。

表2-9 未销售房屋信息表(notHouse)

内容	字段名	字段类型	字段长度	是否为空	约束
房屋编号	Hid	int	—	Not Null	主键,标列
房屋状态	Housestyle	Varchar	20		
楼盘名	Cell	Varchar	20		
房屋名	Roomid	Varchar	20		
房型	House	Varchar	20		
套内面积	Housearea	Float	—		
单价	Unitprice	Money	—		
总价	Totalprice	Money	—		

(9)已销售房屋信息表(SaleInfo)与已预订房屋信息表(Destine),见表2-10。

表2-10 已销售房屋信息表(SaleInfo)与已预订房屋信息表(Destine)

内容	字段名	字段类型	字段长度	是否为空	约束
合同编号	Contractno	int	—	Not Null	主键,标列
楼盘名	Cell	Varchar	50		
房屋名	Roomid	Varchar	10		
销售面积	Dalearea	Float	—		
单价	Unitprice	Money	—		
总价	Totalprice	Money	—		
订购日期	Saledate	Varchar	30		
客户名称	Clientname	Varchar	20		
电话	Empmobiletel	Varchar	20		
付款方式	Paytype	Varchar	20		
实际首付	Realfirstpay	Money	—		
业务员姓名	Empname	Varchar	30		
房型	House	Varchar	20		

利用PD建模工具,可以生成RealtySys房产管理系统建库SQL脚本,详细情况如下:
/* == */
/* RealtySys 房产管理系统   */
/* == */

```sql
if exists(select * from sysobjects where name='UserLogin' and xtype='u')
drop table UserLogin
go


/*========================================*/
/* Table: UserLogin                       */
/*========================================*/
create table UserLogin
(
    userId int primary key identity(1,1),           --用户Id
    userName varchar(20) not null,                  --用户名
    userPwd varchar(20) not null,                   --密码
    userEmail varchar(30) not null,                 --用户邮箱
    userAddress varchar(50),                        --用户地址
    AccreditId varchar(50)                          --管理员授权码
)
go
--添加唯一约束
alter table userlogin add constraint UQ_userName
    unique(username)
--用户添加的记录
insert into UserLogin
select 'admin','123','admin@163.com','湖南长沙','888a' union
select 'client','1234','client@163.com','湖南长沙','' union
select '肖秀','1234','1031class@163.com','湖南长沙','888a'  union
select '万窈婧','1234','1031class@163.com','湖南长沙','8888' union
select '曾曦','1234','1031class@163.com','湖南长沙','8888' union
select '陈妮娜','1234','1031class@163.com','湖南长沙','8888' union
select '刘星','1234','1031class@163.com','湖南长沙','8888'
select * from UserLogin
go
------------------------------------------
------------------------------------------
/*========================================*/
/* Table: AdminAccreditId                 */
/*========================================*/
if exists(select * from sysobjects where name='AdminAccreditId' and xtype='u')
drop table AdminAccreditId
go
create table AdminAccreditId
(
    AdminId int primary key identity(1,1),          ---管理员ID
    AccreditId varchar(50) not null                 ---管理员用户授权码
)
```

```sql
go
--添加唯一约束
alter table AdminAccreditId add constraint UQ_AccreditId
    unique(AccreditId)
--管理员授权码添加记录
insert into AdminAccreditId values('8888')
insert into AdminAccreditId values('888a')
insert into AdminAccreditId values('7777')
select * from AdminAccreditId
go
----------------------------------------
----------------------------------------
/*================================================*/
/* Procedure: proc_login                          */
/*================================================*/
create procedure proc_login
@userName varchar(20),
@userPwd varchar(20)
as
select * from UserLogin
where userName=@userName and userpwd=@userpwd
go


/*================================================*/
/* Procedure: proc_admin                          */
/*================================================*/
create procedure proc_admin
@AccreditId varchar(20)
as
select * from AdminAccreditId
where  AccreditId=@AccreditId
go


/*================================================*/
/* Procedure: proc_Enrol                          */
/*================================================*/
create procedure proc_Enrol
@username varchar(20),
@userpwd varchar(20),
@userEmail varchar(20),
@userAddress varchar(20),
@Accreditid varchar(20)
as
insert into userlogin values(@username,@userpwd,@userEmail,@userAddress,@Accreditid)
go
```

```sql
/*================================================*/
/* Table: UserLoginedName                         */
/*================================================*/
if exists( select * from sysobjects where name = 'UserLoginedName' and xtype = 'u')
drop table UserLoginedName
go
create table UserLoginedName
(
    UserId int primary key identity(1,1),
    UserName varchar(50) not null,
    UserAccred varchar(20),
    UserLoginTime datetime
)
go
insert into UserLoginedName values('liugan','管理员',getdate())
go
select * from UserLoginedName
```

```sql
/*================================================*/
/* Table: MessageInfo                             */
/*================================================*/
if exists( select * from sysobjects where name ='MessageInfo' and xtype = 'u')
drop table MessageInfo
go
create table MessageInfo
(
    MessageId int primary key identity(1,1),
    Content varchar(200) not null,
    ContentTime datetime not null,
    UserId int not null
)
go
insert into MessageInfo values('还好啊',getdate(),1)
go
alter table MessageInfo add constraint FK_UserId
    foreign key(UserId) references UserLoginedName(UserId)
go
```

```sql
/*================================================*/
/* Procedure: proc_frmContentMsgShow              */
/*================================================*/
create procedure proc_frmContentMsgShow
```

as
select username, contentTime, content
from UserLoginedName
inner join messageinfo on UserLoginedName.userid = messageinfo.userid
go
select * from MessageInfo
go

/*==*/
/* Table: Commonly   */
/*==*/
if exists(select * from sysobjects where name = 'Commonly' and xtype = 'u')
drop table Commonly
go
create table Commonly
(
    ClientNo int primary key identity(1, 1),   --客户编号
    ClientName Varchar(30) not null,   --客户姓名
    Sex Varchar(2),   --性别
    Age int,   --年龄
    MobileTel Varchar(50),   --移动电话
    Demandarea float,   --需求面积
    Demfloor int,   --需求楼层
    Demmode Varchar(100),   --需求房型
    Pricefeedback varchar(20),   --价格反应
    PayType varchar(20),   --付款方式
    Purchaseexpect varchar(30),   --购买意向
    Consider varchar(100),   --考虑因素
    Address varchar(20),   --家庭地址
    Profession Varchar(50),   --职业
    ClientCardID Varchar(18),   --身份证号码
    WorkUnit Varchar(100),   --工作单位
    InfoFrom varchar(100),   --信息来源
)
go
insert into Commonly
    values('汪涵', '男', 42, '13707481265', 122.0, 5, '2室一厅', '', '', '舒适型', '价钱', '长沙', '员工', '432522199009285674', '', '')
insert into Commonly
    values('谢娜', '女', 32, '13707481265', 122.0, 5, '2室一厅', '', '', '舒适型', '价钱', '长沙', '员工', '432522199009285674', '', '')
insert into Commonly

```sql
values('刘彬','男',32,'13707481265',122.0,5,'2室一厅','','','舒适型','价钱','长沙','员工',
'4325221990092 85674 ','','')
    insert into Commonly
    values('韩寒','男',30,'13707481265',122.0,5,'2室一厅','','','舒适型','价钱','长沙','员工',
'4325221990092 85674 ','','')
    insert into Commonly
    values('雷军','男',46,'13707481265',122.0,5,'2室一厅','','','舒适型','价钱','长沙','员工',
'4325221990092 85674 ','','')
    go
    select * from Commonly
-------------------------------------------------
-------------------------------------------------
/*===========================================*/
/* Table: Community                           */
/*===========================================*/
if exists(select * from sysobjects where name='Community' and xtype='u')
drop table Community
go
create table Community
(
    CommunityNo int primary key identity(1,1),      --楼盘编号
    CommunityName Varchar(75) not null,             --楼盘名称
    Cell int,                                       --单元
    Room varchar(100) not null,                     --房屋样式
    Factarea float not null,                        --实际面积
    Unitprice money not null,                       --单价
    Totalprice money not null,                      --总价
    Houses int,                                     --库房数量
    CommunityTime varchar(20),                      --建成时间
    CommunityPic varchar(100),                      --照片路径
    CommunityJj varchar(100)
)
go
insert into Community values('国际时尚百货专卖店',5,'独立卖场',160000,8500,1360000000,200,'
2012年12月31日','image/商铺/图解看房/图解看房4.png','')
    insert into Community values('商业步行街',2,'品牌专卖',200000,8000,1600000000,100,'2012年12
月31日','image/商铺/图解看房/图解看房13.png','')
    insert into Community values('国际家具品牌旗舰店大本营',3,'品牌专卖',200000,8000,1600000000,
100,'2012年12月31日','image/商铺/图解看房/图解看房1.png','')
    insert into Community values('标准连锁大卖场',4,'连锁专卖',100000,10000,1000000000,200,'2012
年12月31日','image/商铺/图解看房/图解看房16.png','')
    go
    select * from Community
```

```sql
/*==============================================================*/
/* Table: House                                                 */
/*==============================================================*/
if exists(select * from sysobjects where name = 'House' and xtype = 'u')
drop table House
go
create table House
(HouseNo int primary key identity(1,1),        --房型编号
    HouseName Varchar(75) not null,            --房型名称
    HouseEstate varchar(30) not null,          --房屋销售情况
    CommunityName Varchar(75) not null,        --楼盘名称
    HouseForm Varchar(40),                     --房屋样式
    StoryHeight float,                         --房屋高度
    CreateArea float,                          --套内面积
    HousePrice money not null,                 --房屋价格
    Remark varchar(100),                       --备注
    HousePhoto varchar(100)                    --照片路径
)
go
insert into House values('晓园百货','未销售','国际时尚百货专卖店','2室1厅1厨1卫',7.5,112.5,3000,'欢迎购买本栋楼','image/1.jpg')
insert into House values('通名科技','未销售','国际时尚百货专卖店','2室1厅1厨1卫',7.5,112.5,3000,'欢迎购买本栋楼','image/2.jpg')
insert into House values('完美释放','未销售','商业步行街','2室1厅1厨1卫',7.5,112.5,3000,'欢迎购买本栋楼','image/3.jpg')
insert into House values('潮流科技','未销售','商业步行街','2室1厅1厨1卫',7.5,112.5,3000,'欢迎购买本栋楼','image/4.jpg')
insert into House values('经典时代','未销售','国际时尚百货专卖店','2室1厅1厨1卫',7.5,112.5,3000,'欢迎购买本栋楼','image/5.jpg')
insert into House values('波兰迷情','未销售','国际时尚百货专卖店','2室1厅1厨1卫',7.5,112.5,3000,'欢迎购买本栋楼','image/6.jpg')
insert into House values('时间碎片','未销售','国际家具品牌旗舰店大本营','2室1厅1厨1卫',7.5,112.5,3000,'欢迎购买本栋楼','image/7.jpg')
insert into House values('时代先锋','未销售','国际家具品牌旗舰店大本营','2室1厅1厨1卫',7.5,112.5,3000,'欢迎购买本栋楼','image/8.jpg')
insert into House values('动漫SKY','未销售','国际家具品牌旗舰店大本营','2室1厅1厨1卫',7.5,112.5,3000,'欢迎购买本栋楼','image/9.jpg')
insert into House values('潮流特区','未销售','标准连锁大卖场','2室1厅1厨1卫',7.5,112.5,3000,'欢迎购买本栋楼','image/10.jpg')
go
select * from House
```

```sql
/*==============================================================*/
/* Table: EmpInfo                                               */
/*==============================================================*/
if exists(select * from sysobjects where name='EmpInfo' and xtype='u')
drop table EmpInfo
go
create table EmpInfo
(EmpID int primary key identity(1,1),          --员工编号
   EmpName Varchar(30),                        --姓名
   EmpCardID Varchar(18),                      --身份证号
   Sex Varchar(2),                             --性别
 --NativePlace Varchar(30),                    --籍贯
   Education Varchar(50),                      --学历
   Partment Varchar(30),                       --部门
   Station Varchar(30),                        --岗位
   EmpAddress Varchar(50),                     --家庭地址
   EmpMobileTel Varchar(20),                   --移动电话
   Remark varchar(200),                        --备注
   EmpPhoto varchar(20)                        --照片
)
go
--添加的记录
insert into EmpInfo select '肖秀','431229199108064689','女','大学','计划部','项目经理','长沙','521456547','积分都是快乐飞','images/1.jpg'
insert into EmpInfo select '刘星','431229199108064689','男','大学','计划部','经理','长沙','521456547','积分都是快乐飞','images/2.jpg'
insert into EmpInfo select '陈妮娜','431229199108064689','女','大学','计划部','经理','长沙','521456547','积分都是快乐飞','images/3.jpg'
insert into EmpInfo select '曾曦','431229199108064689','女','大学','计划部','经理','长沙','521456547','积分都是快乐飞','images/4.jpg'
go
select * from EmpInfo
--------------------------------------------------------------
--------------------------------------------------------------

/*==============================================================*/
/* Table: SaleInfo                                              */
/*==============================================================*/
if exists(select * from sysobjects where name='SaleInfo' and xtype='u')
drop table SaleInfo
go
create table SaleInfo
```

```sql
(
    ContractNo int primary key identity(1000,1),      --合同编号
    Cell varchar(50),                                  --楼盘名
    RoomID varchar(10),                                --房屋名
    SaleArea float,                                    --销售面积
    Unitprice money,                                   --单价
    Totalprice money,                                  --总价
    SaleDate varchar(30),                              --定购日期
    ClientName varchar(30),                            --客户名称
    EmpMobileTel varchar(20),                          --移动电话
    PayType varchar(20),                               --付款方式
    RealFirstPay money,                                --实际首付
    EmpName varchar(30),                               --业务员姓名
    House varchar(20)                                  --房型
)
go
insert into SaleInfo values('商业步行街','搜到',110.0,2400,264000,'2012年12月31日 星期一','刘彬','6767887','按揭',20000,'lishi','2室一厅')
insert into SaleInfo values('商业步行街','搜到',110.0,2400,264000,'2012年12月31日 星期一','刘彬','6767887','按揭',20000,'lishi','2室一厅')
insert into SaleInfo values('商业步行街','搜到',110.0,2400,264000,'2012年12月31日 星期一','刘彬','6767887','按揭',20000,'lishi','2室一厅')
insert into SaleInfo values('商业步行街','搜到',110.0,2400,264000,'2012年12月31日 星期一','刘彬','6767887','按揭',20000,'lishi','2室一厅')
insert into SaleInfo values('商业步行街','搜到',110.0,2400,264000,'2012年12月31日 星期一','刘彬','6767887','按揭',20000,'lishi','2室一厅')
go
select * from SaleInfo

--------------------------------------------------
--------------------------------------------------
/*================================================*/
/* Table: NotSale                                 */
/*================================================*/
if exists( select * from sysobjects where name='NotSell' and xtype='u')
drop table NotSale
go
create table NotSale
(
    Hid int primary key identity(2000,1),
    HouseStyle varchar(20),                            --房屋状态
    Cell varchar(50),                                  --楼盘名
```

```sql
    RoomID varchar(10),                        --房屋名
    House varchar(20),                         --房型
    HouseArea float,                           --套内面积
    Unitprice money,                           --单价
    Totalprice money                           --总价
)
go
alter table NotSale add constraint DF_HouseStyle
    default('未销售')for HouseStyle
go
insert into NotSale values('未销售','星空','科技','3室一厅',140.0,3000,420000)
insert into NotSale values('未销售','星空','科技','3室一厅',140.0,3000,420000)
insert into NotSale values('未销售','星空','科技','3室一厅',140.0,3000,420000)
insert into NotSale values('未销售','星空','科技','3室一厅',140.0,3000,420000)
insert into NotSale values('未销售','星空','科技','3室一厅',140.0,3000,420000)
insert into NotSale values('未销售','星空','科技','3室一厅',140.0,3000,420000)
insert into NotSale values('未销售','星空','科技','3室一厅',140.0,3000,420000)
insert into NotSale values('未销售','星空','科技','3室一厅',140.0,3000,420000)
insert into NotSale values('未销售','星空','科技','3室一厅',140.0,3000,420000)
insert into NotSale values('未销售','星空','科技','3室一厅',140.0,3000,420000)
go
select * from NotSale

--------------------------------------------------
--------------------------------------------------
/*==============================================*/
/* Table: Destine                               */
/*==============================================*/
if exists( select * from sysobjects where name='Destine' and xtype='u')
drop table Destine
go
create table Destine
(
    ContractNo int primary key identity(2000,1),   --合同编号
    Cell varchar(50),                              --楼盘名
    RoomID varchar(10),                            --房屋名
    SaleArea float,                                --销售面积
    Unitprice money,                               --单价
    Totalprice money,                              --总价
    SaleDate varchar(30),                          --定购日期
    ClientName varchar(30),                        --客户名称
    EmpMobileTel varchar(20),                      --移动电话
```

```sql
    PayType varchar(20),                              --付款方式
    RealFirstPay money,                               --实际首付
    EmpName varchar(30),                              --业务员姓名
    House varchar (20)                                --房型
)
go
insert into Destine values('dsf', 'df', 110.0, 2400, 264000, '2011年3月27日 星期日', '娟娟', '6767887', '按揭', 20000, '张撒', '3室2厅1厨1卫')
insert into Destine values('山水华景', '地方', 110.0, 2400, 264000, '2011年3月27日 星期日', '娟娟', '6767887', '按揭', 20000, '张撒', '3室2厅1厨1卫')
insert into Destine values('马王堆', '大饭店', 110.0, 2400, 264000, '2011年3月27日 星期日', '当当', '6767887', '按揭', 20000, '张撒', '3室2厅1厨1卫')
go
select * from destine
--------------------------------------------------------
--------------------------------------------------------
/*======================================================*/
/* Table: Gathering                                    */
/*======================================================*/
if exists( select * from sysobjects where name = 'Gathering' and xtype = 'u')
drop table Gathering
go
create table  Gathering
(
    ContractNo varchar(15) primary key,               --合同编号
    ClientName varchar(30),                           --客户名称
    EmpMobileTel varchar (20),                        --移动电话
    RoomID varchar(10),                               --房号
    UnitPrice float ,                                 --合同单价
    TotalPrices float,                                --合同总价
    RealFirstPay float,                               --实际首付
    NonPayment float,                                 --未付金额
    EmpName varchar(30),                              --业务员姓名
    PayType varchar(20)                               --付款方式
)
go
```

2.3.4 RealtySys 房产管理系统编码

1. 功能模块设计思路与核心源码

根据上一节系统功能需求分析，进行相应的 WinForms 编程，细化功能模块，建立相应的窗体文件。主要窗体文件类与其实现的功能对照情况见表 2-11。

表2-11　主要窗体文件类与其实现的功能对照表

编号	窗体类名称	实现功能
1	FrmAddClient.cs	添加客户信息窗口
2	FrmCommunityAdd.cs	商场管理界面
3	FrmEnrol.cs	用户注册界面
4	FrmForget.cs	密码找回界面
5	FrmHouseAdd.cs	房产信息管理界面
6	FrmHouseSell.cs	房屋销售管理界面
7	FrmLogin.cs	登录界面
8	FrmLoginedUser.cs	用户登录历史信息查看窗口
9	FrmMain.cs	系统主界面
10	FrmMessageBoard.cs	用户信息反馈界面
11	FrmUpdPwd.cs	修改密码窗口
12	UsecntCellRightDestine.cs	房屋预订管理
13	UseCntCellRightSaleinfo.cs	房屋退订管理
14	UseCntClientshow.cs	客户信息管理
15	UseCntHouseShow	房型管理界面
16	UseCntpicMy.cs	系统宣传图片轮转界面
17	UseCntStaff	员工信息管理
18	UserHelper.cs	系统参数静态类

打开Visual Studio.Net 2005开发工具，选择C#语言，新建WinForms应用程序，创建系统功能窗体，窗体及类的组织结构如图2-62所示。

功能窗体核心代码如下：

(1) FrmAddClient.cs(添加客户信息窗口)

代码2.1　FrmAddClient.cs 源代码

```
namespace RealtySys
{
    //--------------添加客户信息窗口--------------
    public partial class FrmAddClient : Form
    {
        public FrmAddClient()
        {
            InitializeComponent();
        }
```

第 2 章　RealtySys 房产管理系统的设计与开发

图 2-62　RealtySys 房产管理系统文件组织结构图

```
//创建命令对象 cmd
private SqlCommand cmd;

//窗体加载事件
private void FrmAddClient_Load(object sender, EventArgs e)
{
    //客户信息管理增、删、改界面切换
    if (UserHelper.btnFlagAddClient == 1)
    {
        //切换至添加界面
        picInsert.Visible = true;
    }
    else if (UserHelper.btnFlagAddClient == 2)
    {
        //切换至修改界面
        picUpdate.Visible = true;
    }
    else if (UserHelper.btnFlagAddClient == 3)
    {
        //切换至删除界面
        picDelete.Visible = true;
    }
}
```

```csharp
//添加客户信息事件
private void picInsert_Click(object sender, EventArgs e)
{
    try
    {
        if (this.txtClientname.Text.Length > 0)
        {
            //添加客户信息SQL语句
            String strSql = @"insert into Commonly values('" + this.txtClientname.Text.Trim()
                + "','" + this.cboSex.Text + "'," + int.Parse(this.txtAge.Text.Trim())
                + ",'" + this.txtMobiletel.Text.Trim() + "'," + float.Parse(this.cboDemandarea.Text.Trim())
                + "," + this.cboDemfloor.Text.Trim() + ",'" + this.cboDemode.Text.Trim()
                + "','" + this.cboPricefeed.Text.Trim() + "','" + this.cboPayType.Text.Trim()
                + "','" + this.cboPurchaseexpect.Text.Trim() + "','" + this.cboConsider.Text.Trim()
                + "','" + this.txtAddress.Text.Trim() + "','" + this.cboProfession.Text.Trim()
                + "','" + this.txtClientCardID.Text.Trim() + "','" + this.txtWorkUnit.Text.Trim()
                + "','" + this.cboInfoFrom.Text.Trim() + "')";
            //实例化命令对象cmd
            cmd = new SqlCommand(strSql, SqlHelper.conn);
            //数据库连接打开
            SqlHelper.conn.Open();
            int i = (int)cmd.ExecuteNonQuery();
            if (i == 1)
            {
                MessageBox.Show("您已成功添加了一个客户的信息，是否现在返回查看?");
                //关闭当前窗口
                this.Close();
            }
            else
            {
                MessageBox.Show("添加失败!");
            }
            //数据库连接关闭
            SqlHelper.conn.Close();
        }
        else
        {
            MessageBox.Show("请输入信息……");
        }
    }
    catch (FormatException)
```

```csharp
            MessageBox.Show("请输入完整信息……");
        }
    }

    //修改客户信息事件
    private void picUpdate_Click(object sender, EventArgs e)
    {
        //修改客户信息SQL语句
        String strSql = @"update Commonly set ClientName = '" + this.txtClientname.Text.Trim()
            + "', Sex = '" + this.cboSex.Text + "', Age = " + int.Parse(this.txtAge.Text.Trim())
            + ", MobileTel = '" + this.txtMobiletel.Text.Trim() + "', Demandarea = " + float.Parse
            (this.cboDemandarea.Text.Trim()) + ", Demfloor = " + this.cboDemfloor.Text.Trim() +
            ", Demmode = '" + this.cboDemode.Text.Trim() + "', Pricefeedback = '" + this.
            cboPricefeed.Text.Trim() + "', PayType = '" + this.cboPayType.Text.Trim() + "',
            Purchaseexpect = '" + this.cboPurchaseexpect.Text.Trim() + "', Consider = '" + this.
            cboConsider.Text.Trim() + "', Address = '" + this.txtAddress.Text.Trim() + "', Profession
            = '" + this.cboProfession.Text.Trim() + "', ClientCardID = '" + this.txtClientCardID.Text.
            Trim() + "', WorkUnit = '" + this.txtWorkUnit.Text.Trim() + "', InfoFrom = '" + this.
            cboInfoFrom.Text.Trim() + "' where ClientNo = " + int.Parse(UserHelper.strClientNo)
            + "";
        //实例化命令对象cmd
        cmd = new SqlCommand(strSql, SqlHelper.conn);
        //打开数据库连接
        SqlHelper.conn.Open();
        //执行SQL语句
        int i = (int)cmd.ExecuteNonQuery();
        if (i == 1)
        {
            MessageBox.Show("您已成功修改了一个客户的信息,是否现在返回查看?");
            this.Close();
        }
        else
        {
            MessageBox.Show("修改失败!");
        }
        //关闭数据库连接
        SqlHelper.conn.Close();
    }

    //删除客户信息事件
    private void picDelete_Click(object sender, EventArgs e)
    {
```

```csharp
//删除客户信息SQL语句
String strSql = @"delete Commonly where ClientNo = " + int.Parse(UserHelper.strClientNo) + "";
//实例化命令对象cmd
cmd = new SqlCommand(strSql, SqlHelper.conn);
//打开数据库连接
SqlHelper.conn.Open();
//执行SQL语句
int i = (int)cmd.ExecuteNonQuery();
if (i == 1)
{
    MessageBox.Show("您已成功删除了一个客户的信息,是否现在返回查看?");
    this.Close();
}
else
{
    MessageBox.Show("删除失败!");
}
//关闭数据库连接
SqlHelper.conn.Close();
}


//关闭客户信息窗口
private void picClose_Click(object sender, EventArgs e)
{
    this.Close();
}
    }
}
```

(2) FrmCommunityAdd.cs(商场管理界面)

代码 2.2 FrmCommunityAdd.cs 源代码

```csharp
namespace RealtySys
{
    //---------------------商场管理界面---------------
    public partial class FrmCommunityAdd : Form
    {
        public FrmCommunityAdd()
        {
            InitializeComponent();
```

```csharp
}
//定义数据适配器对象da
SqlDataAdapter da;
//定义数据集对象ds
DataSet ds;
//定义命令对象cmd
SqlCommand cmd;
//定义布尔变量flag
Boolean flag = false;
//商场管理界面加载事件
private void FrmCommunityAdd_Load(object sender, EventArgs e)
{
    //商场信息管理增、删、改界面切换
    if (UserHelper.btnFlag == 1)
    {
        //切换至添加界面
        picInsert.Visible = true;
    }
    else if (UserHelper.btnFlag == 2)
    {
        //切换至修改界面
        picUpdate.Visible = true;
    }
    else if (UserHelper.btnFlag == 3)
    {
        //切换至删除界面
        picDelete.Visible = true;
    }
    //查询楼盘管理表,放到网格视图里
    da = new SqlDataAdapter("select * from Community", SqlHelper.conn);
    ds = new DataSet();
    da.Fill(ds, "Community");
    this.dgvCommunity.AutoGenerateColumns = false;
    this.dgvCommunity.DataSource = ds.Tables["Community"];
    this.ColCommunityNo.DataPropertyName = "CommunityNo";
    this.ColCommunityName.DataPropertyName = "CommunityName";
    this.ColCell.DataPropertyName = "Cell";
    this.ColRoom.DataPropertyName = "Room";
    this.ColFactarea.DataPropertyName = "Factarea";
    this.ColUnitprice.DataPropertyName = "Unitprice";
    this.ColTotalprice.DataPropertyName = "Totalprice";
    this.ColHouses.DataPropertyName = "Houses";
    this.ColCommunityTime.DataPropertyName = "CommunityTime";
```

```csharp
            this.ColCommunityPic.DataPropertyName = "CommunityPic";
            //楼盘简介
            this.ColCommunityJj.DataPropertyName = "CommunityJj";
            //楼盘名称绑定
            da = new SqlDataAdapter("select CommunityName from Community", SqlHelper.conn);
            da.Fill(ds, "CommunityName");
            this.cboFloorName.DataSource = ds.Tables["CommunityName"];
            this.cboFloorName.DisplayMember = "CommunityName";
            //楼盘编号绑定
            da = new SqlDataAdapter("select CommunityNo from Community", SqlHelper.conn);
            da.Fill(ds, "CommunityNo");
            this.cboFloorNo.DataSource = ds.Tables["CommunityNo"];
            this.cboFloorNo.DisplayMember = "CommunityNo";
        }


        //商场图片上传事件
        private void picUpLoad_Click(object sender, EventArgs e)
        {
            //打开文件对话框
            this.openFileDialog1.ShowDialog();
            //捕获上传文件客户端物理路径
            string pathStr = openFileDialog1.FileName;
            this.txtComPic.Text = this.openFileDialog1.FileName;
            int index = pathStr.LastIndexOf('\\');
            string fileStr = pathStr.Substring(index + 1);
            this.txtComPic.Text = "image/商铺/图解看房/" + fileStr;
        }


        private void picHouses_Click(object sender, EventArgs e)
        {
            UserHelper.txtComPic = Application.StartupPath + "\\" + ds.Tables["Community"].Rows[UserHelper.index][9].ToString();
            frmCommunityAddPic fca = new frmCommunityAddPic();
            fca.Show();
        }


        //DataGridView 数据选择事件
        private void dgvCommunity_CellClick(object sender, DataGridViewCellEventArgs e)
        {
            //点击数据网格视图的项,把相应的内容显示到文本框中
            int index = dgvCommunity.SelectedCells[0].RowIndex;
            if (index == this.ds.Tables["Community"].Rows.Count)
            {
```

```csharp
            }
            else
            {
                flag = true;
                UserHelper.index = index;
                this.cboFloorNo.Text = ds.Tables["Community"].Rows[index][0].ToString();
                this.cboFloorName.Text = ds.Tables["Community"].Rows[index][1].ToString();
                this.txtCell.Text = ds.Tables["Community"].Rows[index][2].ToString();
                this.cboRoom.Text = ds.Tables["Community"].Rows[index][3].ToString();
                this.txtFactarea.Text = ds.Tables["Community"].Rows[index][4].ToString();
                this.txtFloorPrice.Text = ds.Tables["Community"].Rows[index][5].ToString();
                this.txtTotalPrice.Text = ds.Tables["Community"].Rows[index][6].ToString();
                this.cboHouse.Text = ds.Tables["Community"].Rows[index][7].ToString();
                this.txtTime.Text = ds.Tables["Community"].Rows[index][8].ToString();
                //显示图片
                if (ds.Tables["Community"].Rows[index][9].ToString().Length != 0)
                {
                    this.picHouses.Image = Image.FromFile(Application.StartupPath + "\\" + ds.Tables["Community"].Rows[index][9].ToString());
                }
                //楼盘简介显示
            }
        }

//添加楼盘信息事件
private void picInsert_Click(object sender, EventArgs e)
{
    if (flag == true)
    {
        MessageBox.Show("您当前正在指定一个楼盘信息，不能添加新的楼盘信息");
    }
    else
    {
        try
        {
            //添加楼盘信息SQL语句
            string sqlstr = @"insert into Community values('" + this.cboFloorName.Text.Trim() +
            "', " + int.Parse(this.txtCell.Text.Trim()) +
            ", '" + this.cboRoom.Text.Trim() + "" +
            "', " + float.Parse(this.txtFactarea.Text.Trim()) +
            ", " + float.Parse(this.txtFloorPrice.Text.Trim()) +
            ", " + float.Parse(this.txtTotalPrice.Text.Trim()) +
```

```csharp
                    "," + int.Parse(this.cboHouse.Text.Trim()) +
                    ",'" + this.txtTime.Text.Trim() + "" +
                    "','" + this.txtComPic.Text.Trim() + "" +
                    "','" + this.txtCommIntro.Text.Trim() + "" +
                    "')";
                //实例化命令对象 cmd
                cmd = new SqlCommand(sqlstr, SqlHelper.conn);
                //打开数据库连接
                SqlHelper.conn.Open();
                //执行 SQL 语句
                int i = cmd.ExecuteNonQuery();
                if (i == 1)
                {
                    MessageBox.Show("您已成功添加" + i.ToString() + "记录");
                    //刷新添加楼盘信息界面
                    FrmCommunityAdd_Load(sender, e);
                }
                else
                {
                    MessageBox.Show("添加失败!");
                }
            }
            catch (FormatException)
            {
                MessageBox.Show("请输入完整信息……");
            }
            finally
            {
                //关闭数据库连接
                SqlHelper.conn.Close();
                this.txtCommIntro.Text = "";
            }
        }
    }

    //修改楼盘信息事件
    private void picUpdate_Click(object sender, EventArgs e)
    {
        if (txtCell.Text.Length == 0 || cboRoom.Text.Length == 0)
        {
            MessageBox.Show("您输入的资料不完整");
        }
        try
```

```csharp
                }
                //修改楼盘信息SQL语句
                string sqlstr = @"update Community
            set CommunityName = '" + this.cboFloorName.Text.Trim() +
            "',Cell = " + int.Parse(this.txtCell.Text.Trim()) +
            ",Room = '" + this.cboRoom.Text.Trim() + "" +
            "',Factarea = " + float.Parse(this.txtFactarea.Text.Trim()) +
            ",Unitprice = " + float.Parse(this.txtFloorPrice.Text.Trim()) +
            ",Totalprice = " + float.Parse(this.txtTotalPrice.Text.Trim()) +
            ",Houses = " + int.Parse(this.cboHouse.Text.Trim()) +
            ",CommunityTime = '" + this.txtTime.Text.Trim() + "" +
            "',CommunityPic = '" + this.txtComPic.Text.Trim() + "" +
            "',CommunityJj = '" + this.txtCommIntro.Text.Trim() + "" +
            "' where communityNo = " + int.Parse(this.cboFloorNo.Text.Trim()) + "";
                //创建命令对象cmd
                cmd = new SqlCommand(sqlstr, SqlHelper.conn);
                //打开数据库连接
                SqlHelper.conn.Open();
                //执行SQL语句
                int i = cmd.ExecuteNonQuery();
                if (i == 1)
                {
                    MessageBox.Show("您已成功修改" + i.ToString() + "记录");
                    //刷新楼盘信息管理界面
                    FrmCommunityAdd_Load(sender, e);
                }
                else
                {
                    MessageBox.Show("添加失败!");
                }
            }
            catch (Exception)
            {
                MessageBox.Show("可能出现网络中断!");
            }
            finally
            {
                SqlHelper.conn.Close();
                //清空简介框
                this.txtCommIntro.Text = "";
            }
        }
```

```csharp
//删除楼盘信息事件
private void picDelete_Click(object sender, EventArgs e)
{
    //删除楼盘信息 SQL 语句
    string sqlstr = @"delete from Community where CommunityNo = '" + this.cboFloorNo.Text.Trim() + "'";
    //创建命令对象 cmd
    cmd = new SqlCommand(sqlstr, SqlHelper.conn);
    try
    {
        //打开数据库连接
        SqlHelper.conn.Open();
        //执行 SQL 语句
        int i = cmd.ExecuteNonQuery();
        MessageBox.Show("您已成功删除" + i.ToString() + "记录");
        //刷新楼盘信息管理界面
        FrmCommunityAdd_Load(sender, e);
    }
    catch (Exception)
    {
        MessageBox.Show("可能出现网络中断!");
    }
    finally
    {
        //关闭数据库连接
        SqlHelper.conn.Close();
        this.txtCommIntro.Text = "";
    }
}


private void picCancel_Click(object sender, EventArgs e)
{
    this.Close();
}
```

(3) FrmEnrol.cs(用户注册界面)

代码 2.3　FrmEnrol.cs 源代码

```csharp
namespace RealtySys
{
```

//------------------用户注册界面--------------
public partial class FrmEnrol : Form
{
    public FrmEnrol()
    {
        InitializeComponent();
    }
    //定义数据适配器对象da
    private SqlDataAdapter da;
    //定义数据集对象ds
    private DataSet ds;
    //定义命令对象cmd
    private SqlCommand cmd;
    //窗口加载时，如果注册客户被选择权限码文本框不能输入信息
    private void FrmEnrol_Load(object sender, EventArgs e)
    {
        if (this.rdoClient.Checked == true)
        {
            this.txtAccreditId.Enabled = false;
        }
    }

    //注册按钮单击执行事件
    private void picReg_Click(object sender, EventArgs e)
    {
        //实例化数据集对象ds
        ds = new DataSet();
        if (this.txtName.Text.Length < 1 || this.txtEmail.Text.Length < 1 || this.txtPwd.Text.Length < 1 || this.txtPwd2.Text.Length < 1 || this.txtAddress.Text.Length < 1)
        {
            MessageBox.Show("注册信息不能留有空项！");
        }
        else if (this.txtPwd.Text != this.txtPwd2.Text)
        {
            MessageBox.Show("请核对您的密码信息。");
        }
        else
        {
            //注册新用户SQL语句
            String strSql = @"insert into userlogin values('" + this.txtName.Text.Trim() +
                "','" + this.txtPwd.Text.Trim() + "','" + this.txtEmail.Text.Trim() +
                "','" + this.txtAddress.Text.Trim() + "','" + this.txtAccreditId.Text.Trim() + "
                ')";

```csharp
//注册客户
if(this.txtAccreditId.Enabled == false)
{
    //实例化命令对象 cmd
    cmd = new SqlCommand(strSql, SqlHelper.conn);
    //打开数据库连接
    SqlHelper.conn.Open();
    //执行添加语句
    int i = (int)cmd.ExecuteNonQuery();
    //关闭数据库连接
    SqlHelper.conn.Close();
    if(i > 0)
    {
        MessageBox.Show("恭喜您,注册客户成功! 现在就赶快去登录吧……");
        //注册成功,跳转至登录界面
        FrmLogin fl = new FrmLogin();
        fl.Show();
        this.Close();
    }
    else
    {
        MessageBox.Show("可能由于网络原因注册失败");
    }
}
//注册管理员
if(this.txtAccreditId.Enabled == true)
{
    //查询 AdminAccreditId 表,实例化数据适配器对象 da
    da = new SqlDataAdapter("select * from AdminAccreditId where AccreditId = '" +
        this.txtAccreditId.Text.Trim() + "'", SqlHelper.conn);
    //使用 da 填充数据集,产生数据表 AccreditId
    da.Fill(ds, "AccreditId");
    if(this.ds.Tables["AccreditId"].Rows.Count == 1)
    {
        //管理员用户注册
        cmd = new SqlCommand(strSql, SqlHelper.conn);
        SqlHelper.conn.Open();
        int i = (int)cmd.ExecuteNonQuery();
        if(i > 0)
        {
            MessageBox.Show("恭喜您,注册管理员成功! 现在就赶快去登录吧。");
            //注册成功,跳转至登录界面
```

```csharp
                    FrmLogin fl = new FrmLogin();
                    fl.Show();
                    this.Close();
                }
                else
                {
                    MessageBox.Show("您可能没有管理员权限");
                }
            }
            else
            {
                MessageBox.Show("您可能没有管理员权限");
            }
        }
    }

    //关闭当前窗口事件
    private void picClose_Click(object sender, EventArgs e)
    {
        //当点击关闭按钮后，跳转至登录界面
        FrmLogin fl = new FrmLogin();
        fl.Show();
        this.Close();
    }

    //普通用户与管理员用户注册权限切换单选按钮选择事件
    private void rdoAdmin_CheckedChanged(object sender, EventArgs e)
    {
        this.txtAccreditId.Enabled = true;
    }

    private void rdoClient_CheckedChanged(object sender, EventArgs e)
    {
        this.txtAccreditId.Enabled = false;
    }
}
```

(4) FrmForget.cs(密码找回界面)

代码2.4 FrmForget.cs 源代码

```csharp
namespace RealtySys
```

```csharp
//--------------密码找回界面-------------
public partial class FrmForget : Form
{
    public FrmForget()
    {
        InitializeComponent();
    }

    //定义数据适配器对象da
    private SqlDataAdapter da;
    //定义数据集对象ds
    private DataSet ds;

    //输入验证码获取用户密码
    private void picGo_Click(object sender, EventArgs e)
    {
        da = new SqlDataAdapter("select * from userlogin where username='" + this.txtName.Text.Trim() + "'", SqlHelper.conn);
        ds = new DataSet();
        da.Fill(ds, "username");

        if (this.ds.Tables["username"].Rows.Count == 1)
        {
            if (this.txtNum.Text.Trim() != ***(密码))
            {
                MessageBox.Show("您输入的验证码错误");
            }
            else
            {
                MessageBox.Show("您的请求已成功发送到您的邮箱，请登录您的邮箱进行下一步骤!");
                UserHelper.strForgetName = this.txtName.Text.Trim();
                FrmForgetEmail ffe = new FrmForgetEmail();
                ffe.Show();
                this.Close();
            }
        }
        else
        {
            MessageBox.Show("您输入的用户名不存在1");
        }
```

        }

        private void picClose_Click(object sender, EventArgs e)
        {
            this.Close();
        }
    }
}

(5) FrmHouseAdd.cs(房产信息管理界面)

代码 2.5　FrmHouseAdd.cs 源代码

```csharp
namespace RealtySys
{
    //--------------房产信息管理界面--------------
    public partial class FrmHouseAdd : Form
    {
        public FrmHouseAdd()
        {
            InitializeComponent();
        }

        SqlCommand cmd;

        //房产信息管理界面加载事件
        private void FrmHouseAdd_Load(object sender, EventArgs e)
        {
            //客户信息管理增、删、改界面切换
            if (UserHelper.btnFlagHouseShow == 1)
            {
                //切换至添加界面
                picInsert.Visible = true;
            }
            else if (UserHelper.btnFlagHouseShow == 2)
            {
                //切换至修改界面
                picUpdate.Visible = true;
            }
            else if (UserHelper.btnFlagHouseShow == 3)
            {
                //切换至删除界面
                picDelete.Visible = true;
            }
```

```csharp
            }

            //房产信息图片上传事件
            private void picPhoto_Click(object sender, EventArgs e)
            {
                //打开文件对话框
                this.openFileDialog1.ShowDialog();
                //捕获房产信息图片客户端物理路径
                string pathStr = openFileDialog1.FileName;
                int index = pathStr.LastIndexOf('\\');
                string fileStr = pathStr.Substring(index + 1);
                this.txtPhoto.Text = "image/商铺/图解看房/" + fileStr;
                this.pictureBox1.Image = Image.FromFile(fileStr);
                //FrmHouseAdd_Load(sender, e);
            }


            private void picCancel_Click(object sender, EventArgs e)
            {
                this.Close();
            }

            //添加房产信息事件
            private void picInsert_Click(object sender, EventArgs e)
            {
                try
                {
                    if (this.txtName.Text.Length > 0)
                    {
                        //定义添加房产信息SQL语句
                        string strSql = @"insert into House values('" + this.txtName.Text.Trim() +
                        "" +
                        "','" + this.txtEstate.Text.Trim() + "" +
                        "','" + this.txtCommunity.Text.Trim() + "" +
                        "','" + this.txtForm.Text.Trim() + "" +
                        "'," + float.Parse(this.txtHeight.Text.Trim()) +
                        "," + float.Parse(this.txtArea.Text.Trim()) +
                        "," + float.Parse(this.txtPrice.Text.Trim()) +
                        ",'" + this.txtRemark.Text.Trim() + "" +
                        "','" + this.txtPhoto.Text.Trim() + "" +
                        "')";
                        //实例化命令对象cmd
                        cmd = new SqlCommand(strSql, SqlHelper.conn);
                        //打开数据库连接
```

```csharp
            SqlHelper.conn.Open();
            //执行添加SQL语句
            int i = (int)cmd.ExecuteNonQuery();
            if (i == 1)
            {
                MessageBox.Show("您已成功添加了一个房屋的信息,是否现在返回查看?");
                this.Close();
            }
            else
            {
                MessageBox.Show("添加失败!");
            }
            //关闭数据库连接
            SqlHelper.conn.Close();
        }
        else
        {
            MessageBox.Show("请输入信息……");
        }
    }
    catch (FormatException)
    {
        MessageBox.Show("请输入完整信息……");
    }
}

//修改房产信息事件
private void picUpdate_Click(object sender, EventArgs e)
{
    //定义修改房产信息SQL语句
    string sqlstr = @"update House
    set HouseName = '" + this.txtName.Text.Trim() +
    "', HouseEstate = '" + this.txtEstate.Text.Trim() +
    "', CommunityName = '" + this.txtCommunity.Text.Trim() +
    "', HouseForm = '" + this.txtForm.Text.Trim() +
    "', StoryHeight = " + float.Parse(this.txtHeight.Text.Trim()) +
    ", CreateArea = " + float.Parse(this.txtArea.Text.Trim()) +
    ", HousePrice = " + float.Parse(this.txtPrice.Text.Trim()) +
    ", Remark = '" + this.txtRemark.Text.Trim() +
    "', HousePhoto = '" + this.txtPhoto.Text.Trim() + "' " +
    "' where HouseNo = " + int.Parse(this.cboNo.Text.Trim());
    //实例化命令对象cmd
```

```csharp
            cmd = new SqlCommand(sqlstr, SqlHelper.conn);
            //打开数据库连接
            SqlHelper.conn.Open();
            //执行修改 SQL 语句
            int i = cmd.ExecuteNonQuery();
            if (i == 1)
            {
                MessageBox.Show("您已成功修改" + i.ToString() + "记录");
            }
            else
            {
                MessageBox.Show("修改失败!");
            }
            //关闭数据库连接
            SqlHelper.conn.Close();
        }

        //删除房产信息事件
        private void picDelete_Click(object sender, EventArgs e)
        {
            //定义删除房产信息 SQL 语句
            string sqlstr = @"delete from House where HouseNo = '" + this.cboNo.Text.Trim() + "'";
            //实例化命令对象 cmd
cmd = new SqlCommand(sqlstr, SqlHelper.conn);
//打开数据库连接
            SqlHelper.conn.Open();
            //执行删除 SQL 语句
            int i = (int)cmd.ExecuteNonQuery();
            if (i == 1)
            {
                MessageBox.Show("您已成功删除" + i.ToString() + "记录");
                this.Close();
            }
            else
            {
                MessageBox.Show("删除失败!");
            }
            //关闭数据库连接
            SqlHelper.conn.Close();
        }
    }
}
```

(6) FrmHouseSell.cs(房屋销售管理界面)

代码2.6　FrmHouseSell.cs 源代码

```csharp
namespace RealtySys
{
    //---------------房屋销售管理界面------------
    public partial class FrmHouseSell : Form
    {
        public FrmHouseSell()
        {
            InitializeComponent();
        }
        //定义数据适配器对象da
        private SqlDataAdapter da;
        //定义数据集对象ds
        private DataSet ds;
        //定义命令对象cmd
        private SqlCommand cmd;

        //房屋销售管理界面加载事件
        private void FrmHouseSell_Load(object sender, EventArgs e)
        {
            this.txtHL.Text = UserHelper.strtxtHL;
            this.txtHW.Text = UserHelper.strtxtHW;
            this.txtHX.Text = UserHelper.strtxtHX;
            this.txtHA.Text = UserHelper.strtxtHA;
            this.txtHD.Text = UserHelper.strtxtHD;
            this.txtHZ.Text = UserHelper.strtxtHZ;
            this.txtEA.Text = UserHelper.strtxtHA;
            //业务员姓名
            da = new SqlDataAdapter("select distinct EmpName from EmpInfo", SqlHelper.conn);
            ds = new DataSet();
            da.Fill(ds, "eName");
            //将业务员姓名与组合框cboEmpName进行数据绑定
            this.cboEmpName.DataSource = ds.Tables["eName"];
            this.cboEmpName.DisplayMember = "EmpName";
            if (UserHelper.btnFlagHouseSell == 1)
            {
                picYuding.Visible = true;
            }
            else if (UserHelper.btnFlagHouseSell == 2)
            {
```

```csharp
            picBuy.Visible = true;
        }
    }

    private void picClose_Click(object sender, EventArgs e)
    {
        this.Close();
    }

    //房屋销售功能事件
    private void picBuy_Click(object sender, EventArgs e)
    {
        //定义添加房屋销售信息SQL语句
        string strSql = @"insert into SaleInfo values('" + this.txtHL.Text +
            "','" + this.txtHW.Text + "'," + float.Parse(this.txtEA.Text.ToString()) +
            "," + (int)(float.Parse(this.txtHD.Text.ToString())) + "," + int.Parse(this.txtHZ.Text) +
            ",'" + this.dateTimePicker1.Text.ToString() +
            "','" + this.cboCname.Text + "','" + this.txtPhione.Text +
            "','" + this.cboPay.Text + "', 0, '" + this.cboEmpName.Text +
            "','" + this.txtHX.Text + "')";
        //实例化命令对象cmd
        cmd = new SqlCommand(strSql, SqlHelper.conn);
        //打开数据库连接
        SqlHelper.conn.Open();
        //执行添加SQL语句
        int i = (int)cmd.ExecuteNonQuery();
        //关闭数据库连接
        SqlHelper.conn.Close();
        if (i == 1)
        {
            MessageBox.Show("销售成功！真正转向支付页面……");
            //房屋销售成功后，窗体跳转
            FrmHouseSellSell fhss = new FrmHouseSellSell();
            fhss.Show();
            this.Close();
        }
        else
        {
            MessageBox.Show("购买失败……");
        }
    }
```

```csharp
        //
        private void picOrder_Click(object sender, EventArgs e)
        {
            //定义添加房屋销售订单SQL语句
            string strSql = @"insert into Destine values('" + this.txtHL.Text +
                "','" + this.txtHW.Text + "'," + float.Parse(this.txtEA.Text.ToString()) +
                "," + (int)(float.Parse(this.txtHD.Text.ToString())) + "," + (int)(float.Parse
                (this.txtHZ.Text)) +
                ",'" + this.dateTimePicker1.Text.ToString() +
                "','" + this.cboCname.Text + "','" + this.txtPhione.Text +
                "','" + this.cboPay.Text + "',0,'" + this.cboEmpName.Text +
                "','" + this.txtHX.Text + "')";
            //实例化命令对象cmd
            cmd = new SqlCommand(strSql, SqlHelper.conn);
            //打开数据库连接
            SqlHelper.conn.Open();
            //执行添加SQL语句
            int i = (int)cmd.ExecuteNonQuery();
            //关闭数据库连接
            SqlHelper.conn.Close();
            if (i == 1)
            {
                MessageBox.Show("预订成功!");
            }
            else
            {
                MessageBox.Show("预订失败……");
            }
        }
    }
}
```

(7) FrmLogin.cs (登录界面)

代码2.7 FrmLogin.cs 源代码

```csharp
namespace RealtySys
{
    //- - - - - - - - - - - - - - - - -登录界面- - - - - - - - - - - - - - - -
    public partial class FrmLogin : Form
    {
        public FrmLogin()
        {
            InitializeComponent();
```

}
private SqlDataAdapter da;
private DataSet ds;
private SqlCommand cmd;

private void picLogin_Click(object sender, EventArgs e)
{
　　if(this.txtUser.Text.Trim().Length > 0 && this.txtPwd.Text.Trim().Length > 0)
　　{
　　　　//判定用户是否可进行登录
　　　　da = new SqlDataAdapter("proc_login", SqlHelper.conn);
　　　　da.SelectCommand.CommandType = CommandType.StoredProcedure;
　　　　SqlParameter pa = new SqlParameter("@userName", SqlDbType.VarChar, 20, "username");
　　　　pa.Value = this.txtUser.Text.Trim();
　　　　pa.Direction = ParameterDirection.Input;
　　　　da.SelectCommand.Parameters.Add(pa);
　　　　pa = new SqlParameter("@userPwd", SqlDbType.VarChar, 20, "userPwd");
　　　　pa.Value = this.txtPwd.Text.Trim();
　　　　pa.Direction = ParameterDirection.Input;
　　　　da.SelectCommand.Parameters.Add(pa);
　　　　ds = new DataSet();
　　　　da.Fill(ds, "login");
　　　　if(this.ds.Tables["login"].Rows.Count == 1)
　　　　{
　　　　　　//如果进行登录时,可成功登录到系统,并将登录用户加入到已成功登录的表中
　　　　　　cmd = new SqlCommand("insert into UserLoginedName values('" + UserHelper.strName + "','" + UserHelper.strAccred + "',getdate())", SqlHelper.conn);
　　　　　　SqlHelper.conn.Open();
　　　　　　cmd.ExecuteNonQuery();
　　　　　　SqlHelper.conn.Close();
　　　　　　//查询在已登录表中最近登录(正在使用系统的用户)的用户的时间以及id
　　　　　　da = new SqlDataAdapter("select * from UserLoginedName", SqlHelper.conn);
　　　　　　da.Fill(ds, "into");
　　　　　　UserHelper.strtime = this.ds.Tables["into"].Rows[int.Parse(this.ds.Tables["into"].Rows.Count.ToString()) - 1][3].ToString();
　　　　　　UserHelper.strid = this.ds.Tables["into"].Rows[int.Parse(this.ds.Tables["into"].Rows.Count.ToString()) - 1][0].ToString();
　　　　　　//如果可进行登录则进行权限判定
　　　　　　da = new SqlDataAdapter("proc_admin", SqlHelper.conn);
　　　　　　da.SelectCommand.CommandType = CommandType.StoredProcedure;
　　　　　　pa = new SqlParameter("@AccreditId", SqlDbType.VarChar, 20, "AccreditId");

```csharp
            pa.Value = this.ds.Tables["login"].Rows[0][5].ToString();
            pa.Direction = ParameterDirection.Input;
            da.SelectCommand.Parameters.Add(pa);
            da.Fill(ds, "admin");
            //如果是管理员，则进入管理员使用的系统权限范围，标识身份
            if (this.ds.Tables["admin"].Rows.Count == 1)
            {
                //MessageBox.Show("您是管理员");
                UserHelper.strName = this.txtUser.Text;
                UserHelper.strAccred = "管理员";
            }
            //如果是客户的话，就进入客户使用权限的系统，标识身份
            else
            {
                // MessageBox.Show("您是客户");
                UserHelper.strName = this.txtUser.Text;
                UserHelper.strAccred = "客户";
            }
            FrmLogined fl = new FrmLogined();
            fl.Show();
            this.Hide();
        }
        else
        {
            MessageBox.Show("您的密码有误请重新登录");
            this.txtUser.Text = "";
            this.txtPwd.Text = "";
        }
    }
    else
    {
        MessageBox.Show("您的登录信息不能有空");
    }
}

private void picExit_Click(object sender, EventArgs e)
{
    Application.Exit();
}


private void picForget_Click(object sender, EventArgs e)
{
    FrmForget ff = new FrmForget();
```

```
                ff.Show();
            }

            private void picReg_Click(object sender, EventArgs e)
            {
                FrmEnrolGuide feg = new FrmEnrolGuide();
                feg.Show();
                this.Hide();
            }
        }
    }
```

(8)FrmLoginedUser.cs(用户登录历史信息查看窗口)

代码2.8   FrmLoginedUser.cs 源代码

```
namespace RealtySys
{
    //--------------用户登录历史信息查看窗口---------------
    public partial class FrmLoginedUser : Form
    {
        public FrmLoginedUser()
        {
            InitializeComponent();
        }
        //定义数据适配器对象 da
        private SqlDataAdapter da;
        //定义数据集对象 ds
        private DataSet ds;

        //窗口加载时,查询出历史登录成功的用户信息表并显示
        private void FrmLoginedUser_Load(object sender, EventArgs e)
        {
            //实例化数据适配器对象 da
            da = new SqlDataAdapter("select * from UserLoginedName", SqlHelper.conn);
            //实例化数据集对象 ds
            ds = new DataSet();
            //填充数据集至数据表 UserLoginedName
            da.Fill(ds, "UserLoginedName");
            this.dgvLoginedUser.AutoGenerateColumns = false;
            //绑定数据表到数据网格视图控件 dgvLoginedUser
            this.dgvLoginedUser.DataSource = ds.Tables["UserLoginedName"];
            this.ColUserId.DataPropertyName = "userid";
            this.ColUserName.DataPropertyName = "username";
```

```
            this.ColUserAccred.DataPropertyName = "userAccred";
            this.ColUserLginTime.DataPropertyName = "userlogintime";
        }

        private void picReturn_Click(object sender, EventArgs e)
        {
            this.Close();
        }
    }
```

(9) FrmMain.cs(系统主界面)

该界面主要为完成功能导航与索引,这里只提供相应的界面原型,如图2-63所示。

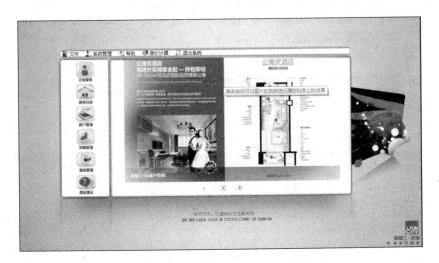

图2-63 RealtySys 房产管理系统主界面

(10) FrmMessageBoard.cs(用户信息反馈界面)

代码2.9 FrmMessageBoard.cs 源代码

```
namespace RealtySys
{
    //-------------------用户信息反馈界面-----------------
    public partial class FrmMessageBord : Form
    {
        public FrmMessageBord()
        {
            InitializeComponent();
        }
        //定义数据适配器对象 da
        private SqlDataAdapter da;
```

```csharp
//定义数据集对象 ds
private DataSet ds;
//用户信息反馈界面加载事件
private void FrmMessageBord_Load(object sender, EventArgs e)
{
    this.Text = "欢迎 " + UserHelper.strName + "    使用本系统,请留下宝贵意见!!!";
    //实例化数据集对象 ds
    ds = new DataSet();
    //实例化数据适配器对象 da
    da = new SqlDataAdapter("exec proc_frmContentMsgShow", SqlHelper.conn);
    //填充数据集至数据表 usecon
    da.Fill(ds, "usecon");
    this.dgvShow.AutoGenerateColumns = false;
    //绑定数据表到数据网格视图控件 dgvShow
    this.dgvShow.DataSource = ds.Tables["usecon"];
    this.Colusername.DataPropertyName = "username";
    this.Colcontent.DataPropertyName = "content";
    this.Colcontenttime.DataPropertyName = "contenttime";
    this.txtName.Text = UserHelper.strName;
}

private void picSubmit_Click(object sender, EventArgs e)
{
    try
    {
        if (txtContent.Text.Length > 6)
        {
            //实例化数据适配器 da
            da = new SqlDataAdapter("insert into MessageInfo values('" + this.txtContent.Text
                + "', getdate(), " + int.Parse(UserHelper.strid) + ")", SqlHelper.conn);
            //填充数据集至数据表 content
            da.Fill(ds, "content");
            FrmMessageBord_Load(sender, e);
            this.txtContent.Text = "";
        }
        else
        {
            MessageBox.Show("您的发言内容少于6个字符,不能发表");
        }
    }
    catch (SqlException)
    {
        MessageBox.Show("留言发生异常");
```

```csharp
            }
        }

        private void picExit_Click(object sender, EventArgs e)
        {
            this.Close();
        }
    }
}
```

(11) FrmUpdPwd.cs(修改密码窗口)

代码2.10　FrmUpdPwd.cs 源代码

```csharp
namespace RealtySys
{
    //---------------修改密码窗口----------------
    public partial class FrmUpdPwd : Form
    {
        public FrmUpdPwd()
        {
            InitializeComponent();
        }
        //定义数据适配器对象 da
        private SqlDataAdapter da;
        //定义数据集对象 ds
        private DataSet ds;
        //定义命令对象 cmd
        private SqlCommand cmd;

        //密码修改提交事件
        private void picSubmit_Click(object sender, EventArgs e)
        {
            if (this.txtOldPwd.Text.Length == 0 || this.txtNewPwd.Text.Length == 0 || this.txtNewPwd2.Text.Length == 0)
            {
                MessageBox.Show("密码信息不能留有空项");
            }
            else
            {
                //捕获数据库中已有用户密码
                da = new SqlDataAdapter("select userPwd from userLogin where username = '" +
                    UserHelper.strName + "'", SqlHelper.conn);
                ds = new DataSet();
```

```csharp
            da.Fill(ds, "userPwd");
        if (this.ds.Tables["userPwd"].Rows[0][0].ToString() == this.txtOldPwd.Text)
        {
            //判断新密码与确认密码是否一致
            if (this.txtNewPwd.Text == this.txtNewPwd2.Text)
            {
                //更新新密码至数据库
                cmd = new SqlCommand("update userLogin set userPwd = '" + this.
                    txtNewPwd.Text + "' where username = '" + UserHelper.strName +
                    "'", SqlHelper.conn);
                SqlHelper.conn.Open();
                int i = (int)cmd.ExecuteNonQuery();
                SqlHelper.conn.Close();
                if (i > 0)
                {
                    MessageBox.Show("您的密码修改成功,请您下次用新    密码登录
                        ……");
                    this.Close();
                }
                else
                {
                    MessageBox.Show("密码修改失败!可能是由于网络原因……");
                }
            }
            else
            {
                MessageBox.Show("您输入的新密码不匹配");
            }
        }
        else
        {
            MessageBox.Show("您的原密码有误!");
        }
    }

    private void picCancel_Click(object sender, EventArgs e)
    {
        this.Close();
    }
}
```

（12）UsecntCellRightDestine.cs（房屋预订管理）

代码 2.11　UsecntCellRightDestine.cs 源代码

```csharp
namespace RealtySys
{
    //-----------------------房屋预订管理-------------------
    public partial class UsecntCellRightDestine : UserControl
    {
        public UsecntCellRightDestine()
        {
            InitializeComponent();
        }
        //定义数据适配器对象 da
        private SqlDataAdapter da;
        //定义数据集对象 ds
        private DataSet ds;
        //定义命令对象 cmd
        private SqlCommand cmd;
        //定义布尔变量 flag
        private Boolean flag = false;
        private void UsecntCellRightDestine_Load(object sender, EventArgs e)
        {
            if (UserHelper.strAccred == "客户")
            {
                this.picBuy.Enabled = false;
                this.picDelete.Enabled = false;
                this.picYuding.Enabled = false;
            }
            //实例化数据适配器对象 da
            da = new SqlDataAdapter("select * from Destine", SqlHelper.conn);
            //实例化数据集对象 ds
            ds = new DataSet();
            //填充数据表至 Destine
            da.Fill(ds, "Destine");
            this.dgvDestine.AutoGenerateColumns = false;
            //绑定数据表到数据网格视图控件 Destine
            this.dgvDestine.DataSource = ds.Tables["Destine"];
            this.ColContractNo.DataPropertyName = "ContractNo";
            this.ColCell.DataPropertyName = "Cell";
            this.ColRoomID.DataPropertyName = "RoomID";
            this.ColSaleArea.DataPropertyName = "SaleArea";
            this.ColUnitprice.DataPropertyName = "Unitprice";
            this.ColTotalprice.DataPropertyName = "Totalprice";
```

```csharp
            this.ColSaleDate.DataPropertyName = "SaleDate";
            this.ColClientName.DataPropertyName = "ClientName";
            this.ColEmpMobileTel.DataPropertyName = "EmpMobileTel";
            this.ColPayType.DataPropertyName = "PayType";
            this.ColRealFirstPay.DataPropertyName = "RealFirstPay";
            this.ColEmpName.DataPropertyName = "EmpName";
            this.ColHouse.DataPropertyName = "House";
        }

        private void dgvDestine_CellClick(object sender, DataGridViewCellEventArgs e)
        {
            flag = true;
            int index = this.dgvDestine.SelectedCells[0].RowIndex;
            if (index == ds.Tables["destine"].Rows.Count)
            {
            }
            else
            {
                UserHelper.strContractNo = ds.Tables["destine"].Rows[index][0].ToString();
                UserHelper.strCell = ds.Tables["destine"].Rows[index][1].ToString();
                UserHelper.strRoomID = ds.Tables["destine"].Rows[index][2].ToString();
                UserHelper.strHouseArea = ds.Tables["destine"].Rows[index][3].ToString();
                UserHelper.strUnitprice = ds.Tables["destine"].Rows[index][4].ToString();
                UserHelper.strTotalprice = ds.Tables["destine"].Rows[index][5].ToString();
                UserHelper.strSaleDate = ds.Tables["destine"].Rows[index][6].ToString();
                UserHelper.strClientName = ds.Tables["destine"].Rows[index][7].ToString();
                UserHelper.strEmpMobileTel = ds.Tables["destine"].Rows[index][8].ToString();
                UserHelper.strPayType = ds.Tables["destine"].Rows[index][9].ToString();
                UserHelper.strRealFirstPay = ds.Tables["destine"].Rows[index][10].ToString();
                UserHelper.strEmpName = ds.Tables["destine"].Rows[index][11].ToString();
                UserHelper.strHouse = ds.Tables["destine"].Rows[index][12].ToString();
            }
        }

        private void picImage_Click(object sender, EventArgs e)
        {
            FrmHouseImagelist fhil = new FrmHouseImagelist();
            fhil.Show();
        }

        private void picYuding_Click(object sender, EventArgs e)
        {
            if (flag == true)
```

```csharp
            cmd = new SqlCommand("delete Destine where ContractNo = " + int.Parse(UserHelper.
                strContractNo) + "", SqlHelper.conn);
            SqlHelper.conn.Open();
            int i = cmd.ExecuteNonQuery();
            SqlHelper.conn.Close();
            if (i >= 1)
            {
                //加入到未销售的房屋列表中
                string str = @"insert into SaleInfo values('" + UserHelper.strCell + "','" +
                    UserHelper.strRoomID + "'," + float.Parse(UserHelper.strHouseArea) + ","
                    + (int)(float.Parse(UserHelper.strUnitprice)) + "," + (int)(float.Parse
                    (UserHelper.strTotalprice)) + ",'" + UserHelper.strSaleDate + "','" +
                    UserHelper.strClientName + "','" + UserHelper.strEmpMobileTel + "','" +
                    UserHelper.strPayType + "','" + (int)(float.Parse(UserHelper.
                    strRealFirstPay)) + ",'" + UserHelper.strEmpName + "','" + UserHelper.
                    strHouse + "')";
                da = new SqlDataAdapter(str, SqlHelper.conn);
                da.Fill(ds, "intosaleinfo");
                MessageBox.Show(UserHelper.strClientName + "已经成功转换了" +
                    UserHelper.strRoomID + "房间为已成功销售房");
                UsecntCellRightDestine_Load(sender, e);
            }
            else
            {
                MessageBox.Show("预订转销售失败");
            }
        }
        else
        {
            MessageBox.Show("请选择您要转的房屋");
        }
    }

    private void picDelete_Click(object sender, EventArgs e)
    {
        if (flag == true)
        {
            cmd = new SqlCommand("delete Destine where ContractNo = " + int.Parse(UserHelper.
                strContractNo) + "", SqlHelper.conn);
            SqlHelper.conn.Open();
            int i = cmd.ExecuteNonQuery();
            SqlHelper.conn.Close();
```

```csharp
            if (i >= 1)
            {
                //加入到未销售的房屋列表中
                string strSql = @"insert into NotSell values('未销售','" + UserHelper.strCell
                    + "','" + UserHelper.strRoomID + "','" + UserHelper.strHouse + "'," +
                    float.Parse(UserHelper.strHouseArea) + "," + (int)(float.Parse(UserHelper.
                    strUnitprice)) + "," + (int)(float.Parse(UserHelper.strTotalprice)) + ")";
                da = new SqlDataAdapter(strSql, SqlHelper.conn);
                da.Fill(ds, "intodestine");
                   MessageBox.Show(UserHelper.strClientName + "已经成功取消了" +
                        UserHelper.strRoomID + "房间的预订");
                UsecntCellRightDestine_Load(sender, e);
            }
            else
            {
                MessageBox.Show("取消预订失败");
            }
        }
        else
        {
            MessageBox.Show("请选择您要取消预订的房屋");
        }
    }
}
```

(13) UseCntCellRightSaleinfo (房屋退订管理)

代码2.12　UsecntCellRightSaleinfo.cs 源代码

```csharp
namespace RealtySys
{
    //-------------------房屋退订管理------------------
    public partial class UseCntCellRightSaleinfo : UserControl
    {
        public UseCntCellRightSaleinfo()
        {
            InitializeComponent();
        }
        private SqlDataAdapter da;
        private DataSet ds;
        private SqlCommand cmd;
        private Boolean falg = false;
        private void UseCntCellRight_Load(object sender, EventArgs e)
```

```csharp
        {
            if (UserHelper.strAccred == "客户")
            {
                this.picDelete.Enabled = false;
            }
            da = new SqlDataAdapter("select * from SaleInfo", SqlHelper.conn);
            ds = new DataSet();
            da.Fill(ds, "saleinfo");
            this.dgvSaleInfo.AutoGenerateColumns = false;
            this.dgvSaleInfo.DataSource = ds.Tables["saleinfo"];
            this.ColContractNo.DataPropertyName = "ContractNo";
            this.ColCell.DataPropertyName = "Cell";
            this.ColRoomID.DataPropertyName = "RoomID";
            this.ColSaleArea.DataPropertyName = "SaleArea";
            this.ColUnitprice.DataPropertyName = "Unitprice";
            this.ColTotalprice.DataPropertyName = "Totalprice";
            this.ColSaleDate.DataPropertyName = "SaleDate";
            this.ColClientName.DataPropertyName = "ClientName";
            this.ColEmpMobileTel.DataPropertyName = "EmpMobileTel";
            this.ColPayType.DataPropertyName = "PayType";
            this.ColRealFirstPay.DataPropertyName = "RealFirstPay";
            this.ColEmpName.DataPropertyName = "EmpName";
            this.ColHouse.DataPropertyName = "House";
        }

        private void dgvSaleInfo_CellClick(object sender, DataGridViewCellEventArgs e)
        {
            flag = true;
            int index = this.dgvSaleInfo.SelectedCells[0].RowIndex;
            if (index == ds.Tables["saleinfo"].Rows.Count)
            {
            }
            else
            {
                UserHelper.strContractNo = ds.Tables["saleinfo"].Rows[index][0].ToString();
                UserHelper.strClientName = ds.Tables["saleinfo"].Rows[index][7].ToString();
                UserHelper.strCell = ds.Tables["saleinfo"].Rows[index][1].ToString();
                UserHelper.strRoomID = ds.Tables["saleinfo"].Rows[index][2].ToString();
                UserHelper.strHouse = ds.Tables["saleinfo"].Rows[index][12].ToString();
                UserHelper.strHouseArea = ds.Tables["saleinfo"].Rows[index][3].ToString();
                UserHelper.strUnitprice = ds.Tables["saleinfo"].Rows[index][4].ToString();
                UserHelper.strTotalprice = ds.Tables["saleinfo"].Rows[index][5].ToString();
            }
```

```csharp
            }

        private void picImage_Click(object sender, EventArgs e)
        {
            FrmHouseImagelist fhil = new FrmHouseImagelist();
            fhil.Show();
        }
        private void picDelete_Click(object sender, EventArgs e)
        {
            if (flag == true)
            {
                cmd = new SqlCommand(" delete SaleInfo where ContractNo = " + int.Parse
                    (UserHelper.strContractNo) + "", SqlHelper.conn);
                SqlHelper.conn.Open();
                int i = cmd.ExecuteNonQuery();
                SqlHelper.conn.Close();
                if (i >= 1)
                {
                    //加入到未销售的房屋列表中
                    string strSql = @"insert into NotSell values('未销售','" + UserHelper.strCell +
                        "','" + UserHelper.strRoomID + "','" + UserHelper.strHouse + "', " +
                        float.Parse(UserHelper.strHouseArea) + ", " + (int)(float.Parse(UserHelper.
                        strUnitprice)) + ", " + (int)(float.Parse(UserHelper.strTotalprice)) + ")";
                    da = new SqlDataAdapter(strSql, SqlHelper.conn);
                    da.Fill(ds, "intonotsell");
                    MessageBox.Show(UserHelper.strClientName + "已经成功退掉了" +
                        UserHelper.strRoomID + "房间");
                    UseCntCellRight_Load(sender, e);
                }
                else
                {
                    MessageBox.Show("退房失败");
                }
            }
            else
            {
                MessageBox.Show("请选择您要退得房屋");
            }
        }
    }
}
```

（14）UseCntClientshow（客户信息管理）

代码2.13 UseCntClientshow.cs 源代码

```csharp
namespace RealtySys
{
    //------------------客户信息管理------------------
    public partial class UseCntClientshow : UserControl
    {
        private SqlDataAdapter da;
        private DataSet ds;
        private Boolean falg = false;
        private FrmAddClient fac;
        public UseCntClientshow()
        {
            InitializeComponent();
        }
        public void UseCntClientshow_Load(object sender, EventArgs e)
        {
            if (UserHelper.strAccred == "客户")
            {
                this.picAdd.Enabled = false;
                this.picUpdate.Enabled = false;
                this.picDelete.Enabled = false;
            }
            da = new SqlDataAdapter("select * from Commonly", SqlHelper.conn);
            ds = new DataSet();
            da.Fill(ds, "Commonly");
            this.dgvCommonly.AutoGenerateColumns = false;
            this.dgvCommonly.DataSource = ds.Tables["Commonly"];
            this.ColClientNo.DataPropertyName = "ClientNo";
            this.ColClientName.DataPropertyName = "ClientName";
            this.ColSex.DataPropertyName = "Sex";
            this.ColAge.DataPropertyName = "Age";
            this.ColMobileTel.DataPropertyName = "MobileTel";
            this.ColDemandarea.DataPropertyName = "Demandarea";
            this.ColDemfloor.DataPropertyName = "Demfloor";
            this.ColDemmode.DataPropertyName = "Demmode";
            this.ColPricefeedback.DataPropertyName = "Pricefeedback";
            this.ColPayType.DataPropertyName = "PayType";
            this.ColPurchaseexpect.DataPropertyName = "Purchaseexpect";
            this.ColConsider.DataPropertyName = "Consider";
            this.ColAddress.DataPropertyName = "Address";
            this.ColProfession.DataPropertyName = "Profession";
```

```csharp
            this.ColClientCardID.DataPropertyName = "ClientCardID";
            this.ColWorkUnit.DataPropertyName = "WorkUnit";
            this.ColInfoFrom.DataPropertyName = "InfoFrom";
        }

        private void dgvCommonly_CellClick(object sender, DataGridViewCellEventArgs e)
        {
            flag = true;
            int index = this.dgvCommonly.SelectedCells[0].RowIndex;
            if (index == ds.Tables["Commonly"].Rows.Count)
            {
            }
            else
            {
                UserHelper.strClientNo = ds.Tables["Commonly"].Rows[index][0].ToString();
                UserHelper.strClientname = ds.Tables["Commonly"].Rows[index][1].ToString();
                UserHelper.strSex = ds.Tables["Commonly"].Rows[index][2].ToString();
                UserHelper.age = ds.Tables["Commonly"].Rows[index][3].ToString();
                UserHelper.strMobile = ds.Tables["Commonly"].Rows[index][4].ToString();
                UserHelper.demandarea = ds.Tables["Commonly"].Rows[index][5].ToString();
                UserHelper.strDemfloor = ds.Tables["Commonly"].Rows[index][6].ToString();
                UserHelper.strDemode = ds.Tables["Commonly"].Rows[index][7].ToString();
                UserHelper.strPricefeed = ds.Tables["Commonly"].Rows[index][8].ToString();
                UserHelper.strPaytype = ds.Tables["Commonly"].Rows[index][9].ToString();
                UserHelper.strcboPurchaseexpect = ds.Tables["Commonly"].Rows[index][10].ToString();
                UserHelper.strcboConsider = ds.Tables["Commonly"].Rows[index][11].ToString();
                UserHelper.strtxtAddress = ds.Tables["Commonly"].Rows[index][12].ToString();
                UserHelper.strcboProfession = ds.Tables["Commonly"].Rows[index][13].ToString();
                UserHelper.strtxtClientCardID = ds.Tables["Commonly"].Rows[index][14].ToString();
                UserHelper.strtxtWorkUnit = ds.Tables["Commonly"].Rows[index][15].ToString();
                UserHelper.strcboInfoFrom = ds.Tables["Commonly"].Rows[index][16].ToString();
            }
        }

        private void showInfo()
        {
            fac = new FrmAddClient();
            fac.txtClientname.Text = UserHelper.strClientname;
            fac.cboSex.Text = UserHelper.strSex;
            fac.txtAge.Text = UserHelper.age;
            fac.txtMobiletel.Text = UserHelper.strMobile;
            fac.cboDemandarea.Text = UserHelper.demandarea;
            fac.cboDemfloor.Text = UserHelper.strDemfloor;
            fac.cboDemode.Text = UserHelper.strDemode;
```

```
        fac.cboPricefeed.Text = UserHelper.strPricefeed;
        fac.cboPayType.Text = UserHelper.strPaytype;
        fac.cboPurchaseexpect.Text = UserHelper.strcboPurchaseexpect;
        fac.cboConsider.Text = UserHelper.strcboConsider;
        fac.txtAddress.Text = UserHelper.strtxtAddress;
        fac.cboProfession.Text = UserHelper.strcboProfession;
        fac.txtClientCardID.Text = UserHelper.strtxtClientCardID;
        fac.txtWorkUnit.Text = UserHelper.strtxtWorkUnit;
        fac.cboInfoFrom.Text = UserHelper.strcboInfoFrom;
        fac.Show();
    }

private void picAdd_Click(object sender, EventArgs e)
{
        FrmAddClient fac = new FrmAddClient();
        UserHelper.btnFlagAddClient = 1;
        fac.Show();
}

private void picUpdate_Click(object sender, EventArgs e)
{
        if (flag == true)
        {
            UserHelper.btnFlagAddClient = 2;
            showInfo();
        }
        else
        {
            MessageBox.Show("请选择您要修改的客户信息");
        }
}

private void picDelete_Click(object sender, EventArgs e)
{
        if (falg == true)
        {
            UserHelper.btnFlagAddClient = 3;
            showInfo();
        }
        else
        {
            MessageBox.Show("请选择您要删除的客户信息");
        }
```

        }
    }
}

（15）UseCntHouseShow（房型管理界面）

代码2.14　UseCntHouseShow.cs 源代码

```csharp
namespace RealtySys
{
    //-----------------房型管理界面-----------------
    public partial class UseCntHouseShow : UserControl
    {
        public UseCntHouseShow()
        {
            InitializeComponent();
        }
        private SqlDataAdapter da;
        private DataSet ds;
        private FrmHouseAdd fha;
        private Boolean falg = false;
        //点击楼盘名称显示相应的房型信息
        private void UseCntHouseShow_Load(object sender, EventArgs e)
        {
            if (UserHelper.strAccred == "客户")
            {
                this.picAppend.Enabled = false;
                this.picPerfect.Enabled = false;
                this.picDelete.Enabled = false;
            }
            if (UserHelper.lisboxName.Length != 0)
            {
                UserHelper.sQl = "select * from House where CommunityName = '" + UserHelper.lisboxName + "'";
            }
            da = new SqlDataAdapter(UserHelper.sQl, SqlHelper.conn);
            ds = new DataSet();
            da.Fill(ds, "house");
            this.dvgHouse.AutoGenerateColumns = false;
            this.dvgHouse.DataSource = ds.Tables["house"];
            this.Colhouseno.DataPropertyName = "houseno";
            this.Colhousename.DataPropertyName = "housename";
            this.ColHouseEstate.DataPropertyName = "HouseEstate";
            this.ColCommunityName.DataPropertyName = "CommunityName";
```

```csharp
    this.ColHouseForm.DataPropertyName = "HouseForm";
    this.ColStoryHeight.DataPropertyName = "StoryHeight";
    this.ColCreateArea.DataPropertyName = "CreateArea";
    this.ColHousePrice.DataPropertyName = "HousePrice";
    this.ColRemark.DataPropertyName = "Remark";
    this.ColHousePhoto.DataPropertyName = "HousePhoto";
}

public void showInfo()
{
    fha = new FrmHouseAdd();
    fha.cboNo.Text = UserHelper.HouseNo;
    fha.txtName.Text = UserHelper.HouseName;
    fha.txtEstate.Text = UserHelper.HouseEstate;
    fha.txtCommunity.Text = UserHelper.CommunityName;
    fha.txtForm.Text = UserHelper.HouseForm;
    fha.txtHeight.Text = UserHelper.StoryHeight;
    fha.txtArea.Text = UserHelper.CreateArea;
    fha.txtPrice.Text = UserHelper.HousePrice;
    fha.txtRemark.Text = UserHelper.Remark;
    fha.txtPhoto.Text = UserHelper.HousePhoto;
    if (UserHelper.HousePhoto.Length != 0)
    {
        fha.pictureBox1.Image = Image.FromFile(Application.StartupPath + "\" +
            UserHelper.HousePhoto);
    }
    fha.Show();
}

private void picAppend_Click(object sender, EventArgs e)
{
    fha = new FrmHouseAdd();
    fha.txtCommunity.Text = UserHelper.CommunityName;
    UserHelper.btnFlagHouseShow = 1;
    fha.Show();
}

private void picPerfect_Click(object sender, EventArgs e)
{
    if (flag == true)
    {
        fha = new FrmHouseAdd();
        UserHelper.btnFlagHouseShow = 2;
```

```csharp
            showInfo();
            fha.Show();
        }
        else
        {
            MessageBox.Show("请选择您要修改的楼房信息");
        }
    }

    private void picDelete_Click(object sender, EventArgs e)
    {
        if (falg == true)
        {
            fha = new FrmHouseAdd();
            showInfo();
            UserHelper.btnFlagHouseShow = 3;
            fha.Show();
        }
        else
        {
            MessageBox.Show("请选择您要删除的楼房信息");
        }
    }

    private void dvgHouse_CellClick(object sender, DataGridViewCellEventArgs e)
    {
        int index = this.dvgHouse.SelectedCells[0].RowIndex;
        if (index == ds.Tables["House"].Rows.Count)
        {
        }
        else
        {
            flag = true;
            UserHelper.HouseNo = this.ds.Tables["House"].Rows[index][0].ToString();
            UserHelper.HouseName = this.ds.Tables["House"].Rows[index][1].ToString();
            UserHelper.HouseEstate = this.ds.Tables["House"].Rows[index][2].ToString();
            UserHelper.CommunityName = this.ds.Tables["House"].Rows[index][3].ToString();
            UserHelper.HouseForm = this.ds.Tables["House"].Rows[index][4].ToString();
            UserHelper.StoryHeight = this.ds.Tables["House"].Rows[index][5].ToString();
            UserHelper.CreateArea = this.ds.Tables["House"].Rows[index][6].ToString();
            UserHelper.HousePrice = this.ds.Tables["House"].Rows[index][7].ToString();
            UserHelper.Remark = this.ds.Tables["House"].Rows[index][8].ToString();
            UserHelper.HousePhoto = this.ds.Tables["House"].Rows[index][9].ToString();
```

                }
            }
        }
    }
}

(16) UseCntpicMy.cs(系统宣传图片轮转界面)

该界面主要功能是完成 RealtySys 房产管理系统宣传图片轮转,这里只提供相应的界面原型,如图 2-64 所示。

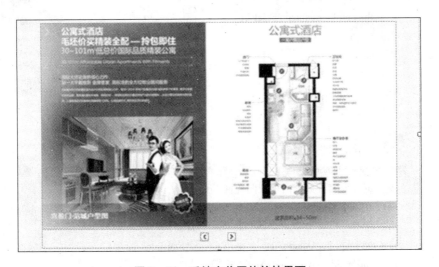

图 2-64 系统宣传图片轮转界面

(17) UseCntStaff(员工信息管理)

代码 2.15   UseCntStaff.cs 源代码

```
namespace RealtySys
{
    //----------------员工信息管理-------------------
    public partial class UseCntStaff : UserControl
    {
        //定义数据适配器对象 da
        private SqlDataAdapter da;
        //定义数据集对象 ds
        private DataSet ds;
        //定义命令对象 cmd
        private SqlCommand cmd;

        public UseCntStaff()
        {
            InitializeComponent();
```

}

//点击员工名称显示相应的员工信息
private void UseCntStaff_Load(object sender, EventArgs e)
{
    if(UserHelper.strAccred == "客户")
    {
        this.btnA.Enabled = false;
        this.btnD.Enabled = false;
        this.btnU.Enabled = false;
    }
    this.btnDelete.Hide();
    this.btnInsert.Hide();
    this.btnUpdate.Hide();
    //实例化数据适配器对象 da
    da = new SqlDataAdapter("select * from EmpInfo", SqlHelper.conn);
    //实例化数据集对象 ds
    ds = new DataSet();
    //绑定数据表到数据网格视图控件 EmpInfo
    da.Fill(ds, "EmpInfo");
    this.dgvEmpInfo.AutoGenerateColumns = false;
    this.dgvEmpInfo.DataSource = ds.Tables["EmpInfo"];
    this.ColEmpid.DataPropertyName = "Empid";
    this.Colempname.DataPropertyName = "empname";
    this.Colempcardid.DataPropertyName = "empcardid";
    this.Colsex.DataPropertyName = "sex";
    this.Coleducation.DataPropertyName = "education";
    this.Colpartment.DataPropertyName = "partment";
    this.Colstation.DataPropertyName = "station";
    this.Colempaddress.DataPropertyName = "empaddress";
    this.Colempmobiletel.DataPropertyName = "empmobiletel";
    this.ColRemark.DataPropertyName = "Remark";
    this.ColEmpPhoto.DataPropertyName = "EmpPhoto";
}

//员工信息放到网格视图
private void dgvEmpInfo_CellClick(object sender, DataGridViewCellEventArgs e)
{
    int index = dgvEmpInfo.SelectedCells[0].RowIndex;
    if(index == ds.Tables["EmpInfo"].Rows.Count)
    {
    }
    else

```csharp
            this.cboNo.Text = ds.Tables["EmpInfo"].Rows[index][0].ToString();
            this.txtEmpName.Text = ds.Tables["EmpInfo"].Rows[index][1].ToString();
            this.txtEmpCardID.Text = ds.Tables["EmpInfo"].Rows[index][2].ToString();
            this.cboSex.Text = ds.Tables["EmpInfo"].Rows[index][3].ToString();
            this.cboEducation.Text = ds.Tables["EmpInfo"].Rows[index][4].ToString();
            this.cboPartment.Text = ds.Tables["EmpInfo"].Rows[index][5].ToString();
            this.cboStation.Text = ds.Tables["EmpInfo"].Rows[index][6].ToString();
            this.txtEmpAddress.Text = ds.Tables["EmpInfo"].Rows[index][7].ToString();
            this.txtEmpMobileTel.Text = ds.Tables["EmpInfo"].Rows[index][8].ToString();
            this.txtRemark.Text = ds.Tables["EmpInfo"].Rows[index][9].ToString();
            if (ds.Tables["EmpInfo"].Rows[index][10].ToString().Length != 0)
            {
                this.picEmp.Image = Image.FromFile(Application.StartupPath + "\" + ds.Tables
                    ["EmpInfo"].Rows[index][10].ToString());
            }
        }
    }

//添加员工信息
private void btnInsert_Click(object sender, EventArgs e)
{

        String strSql = @"insert into EmpInfo
            values('" + this.txtEmpName.Text.Trim() +
            "','" + this.txtEmpCardID.Text.Trim() +
            "','" + this.cboSex.Text.Trim() +
            "','" + this.cboEducation.Text.Trim() +
            "','" + this.cboPartment.Text.Trim() +
            "','" + this.cboStation.Text.Trim() +
            "','" + this.txtEmpAddress.Text.Trim() +
            "','" + this.txtEmpMobileTel.Text.Trim() +
            "','" + this.txtRemark.Text.Trim() +
            "','" + this.txtEmpPhoto.Text.Trim() + "')";
        cmd = new SqlCommand(strSql, SqlHelper.conn);
        try
        {
            SqlHelper.conn.Open();
            int i = cmd.ExecuteNonQuery();
            if (i == 1)
            {
                MessageBox.Show("您已经成功的添加了" + i.ToString() + "位人员");
                UseCntStaff_Load(sender, e);
```

```csharp
            }
            else
            {
                MessageBox.Show("可能出现网络中断!");
            }
        }
        catch(Exception)
        {
            MessageBox.Show("可能出现网络异常");
        }
        finally
        {
            SqlHelper.conn.Close();
//清空文本框
            this.txtEmpName.Text = "";
            this.txtEmpCardID.Text = "";
            this.cboSex.Text = "";
            this.cboEducation.Text = "";
            this.cboPartment.Text = "";
            this.cboEducation.Text = "";
            this.cboStation.Text = "";
            this.txtEmpAddress.Text = "";
            this.txtEmpMobileTel.Text = "";
            this.txtRemark.Text = "";
            this.txtEmpPhoto.Text = "";
        }
    }

//删除员工信息
private void btnDelete_Click(object sender, EventArgs e)
{
    String strSql = @"delete from EmpInfo where Empid ='" + this.cboNo.Text.Trim() + "'";
    cmd = new SqlCommand(strSql, SqlHelper.conn);
    SqlHelper.conn.Open();
    int i = cmd.ExecuteNonQuery();
    if (i == 1)
    {
        MessageBox.Show("您已经成功的删除了" + i.ToString() + "位人员");
        UseCntStaff_Load(sender, e);
    }
    else
    {
```

```csharp
            MessageBox.Show("可能出现网络异常");
        }
        SqlHelper.conn.Close();
        //清空文本框
        this.txtEmpName.Text = "";
        this.txtEmpCardID.Text = "";
        this.cboSex.Text = "";
        this.cboEducation.Text = "";
        this.cboPartment.Text = "";
        this.cboEducation.Text = "";
        this.cboStation.Text = "";
        this.txtEmpAddress.Text = "";
        this.txtEmpMobileTel.Text = "";
        this.txtRemark.Text = "";
        this.txtEmpPhoto.Text = "";
    }


private void btnUpdate_Click(object sender, EventArgs e)
{
    string strSql = "update empinfo set EmpName = '" + this.txtEmpName.Text.Trim() + "',
    EmpCardID = '" + this.txtEmpCardID.Text.Trim() + "', Sex = '" + this.cboSex.Text.
    Trim() + "', Education = '" + this.cboEducation.Text.Trim() + "', Partment = '" +
    this.cboPartment.Text.Trim() + "', Station = '" + this.cboStation.Text.Trim() + "',
    EmpAddress = '" + this.txtEmpAddress.Text.Trim() + "', EmpMobileTel = '" + this.
    txtEmpMobileTel.Text.Trim() + "', Remark = '" + this.txtRemark.Text.Trim() + "',
    EmpPhoto = '" + this.txtEmpPhoto.Text.Trim() + "' where empid = " + int.Parse(this.
    cboNo.Text) + "";
    cmd = new SqlCommand(strSql, SqlHelper.conn);
    try
    {
        SqlHelper.conn.Open();
        int i = cmd.ExecuteNonQuery();
        if (i == 1)
        {
            MessageBox.Show("您已经成功的修改了" + i.ToString() + "位人员");
            UseCntStaff_Load(sender, e);
        }
        else
        {
            MessageBox.Show("修改失败!");
        }
    }
```

```csharp
            catch (Exception)
            {
                MessageBox.Show("可能出现网络异常");
            }
            finally
            {
                SqlHelper.conn.Close();
                //清空文本框
                this.txtEmpName.Text = "";
                this.txtEmpCardID.Text = "";
                this.cboSex.Text = "";
                this.cboEducation.Text = "";
                this.cboPartment.Text = "";
                this.cboEducation.Text = "";
                this.cboStation.Text = "";
                this.txtEmpAddress.Text = "";
                this.txtEmpMobileTel.Text = "";
                this.txtRemark.Text = "";
                this.txtEmpPhoto.Text = "";
            }
        }

        //显示相片路径，并在指定面板上出现相片
        private void txtphoto_Click(object sender, EventArgs e)
        {
            this.openFileDialog1.ShowDialog();
            string pathStr = openFileDialog1.FileName;
            this.txtEmpPhoto.Text = this.openFileDialog1.FileName;
            int index = pathStr.LastIndexOf('\\');
            string fileStr = pathStr.Substring(index + 1);
            this.txtEmpPhoto.Text = "images/" + fileStr;
            try
            {
                this.picEmp.Image = Image.FromFile(fileStr);
            }
            catch (Exception ex)
            {
                Throw ex;
            }
            UseCntStaff_Load(sender, e);
        }

        private void btnA_Click(object sender, EventArgs e)
```

```csharp
            {
                this.btnDelete.Hide();
                this.btnInsert.Show();
                this.btnUpdate.Hide();
            }

        private void btnU_Click(object sender, EventArgs e)
            {
                this.btnDelete.Hide();
                this.btnInsert.Hide();
                this.btnUpdate.Show();
            }

        private void btnD_Click(object sender, EventArgs e)
            {
                this.btnDelete.Show();
                this.btnInsert.Hide();
                this.btnUpdate.Hide();
            }
        }
}
```

(18) UserHelper(系统参数静态类)

代码2.16　UserHelper.cs 源代码

```csharp
namespace RealtySys
{
    //---------------系统参数静态类-------------------
    class UserHelper
    {
        //忘记密码时，用于找回密码的用户名
        public static string strForgetName = "";

        //当前发表意见用户在成功登录的用户的 id
        public static string strid = "";

        //登陆的用户信息
        public static string strName = "";
        public static String strAccred = "";
        public static string strtime = "";

        //保存在网格视图里点击的客户的信息
        public static String strClientNo = "";
```

```csharp
public static String strClientname = "";
public static String strSex = "";
public static String age = "";
public static String strMobile = "";
public static String demandarea = "";
public static String strDemfloor = "";
public static String strDemode = "";
public static String strPricefeed = "";
public static String strPaytype = "";
public static String strcboPurchaseexpect = "";
public static String strcboConsider = "";
public static String strtxtAddress = "";
public static String strcboProfession = "";
public static String strtxtClientCardID = "";
public static String strtxtWorkUnit = "";
public static String strcboInfoFrom = "";

//未销售房屋资料
public static string strtxtHID = "";
public static string strtxtHL = "";      //楼盘名
public static string strtxtHW = "";      //房屋名
public static string strtxtHX = "";      //房型
public static string strtxtHA = "";      //套内面积
public static string strtxtHD = "";      //单价
public static string strtxtHZ = "";      //总价

//已销售房屋
public static string strContractNo = "";   //合同编号
public static string strClientName = "";   //客户姓名

public static string strCell = "";         //楼盘名
public static string strRoomID = "";       //房屋名
public static string strHouse = "";        //房型
public static string strHouseArea = "";    //套内面积
public static string strUnitprice = "";    //单价
public static string strTotalprice = "";   //总价
public static string strSaleDate = "";     //订购日期
public static string strEmpMobileTel = ""; //电话
public static string strPayType = "";      //付款方式
public static string strRealFirstPay = ""; //首付
public static string strEmpName = "";      //业务员姓名

//--------------------------------
```

```
        //楼盘列表的项的名称
        public static string lisboxName = "";
        //楼盘相片路径的文本框
        public static int index = 0;
        public static string txtComPic = "";
        //楼盘视图
        public static string dgvCommunity = "";

        //查询指定房屋信息的字符串
        public static string sQl = "";

        //------------------------------
        //房型信息相关资料
        public static string HouseNo = "";
        public static string HouseName = "";
        public static string HouseEstate = "";
        public static string CommunityName = "";
        public static string HouseForm = "";
        public static string StoryHeight = "";
        public static string CreateArea = "";
        public static string HousePrice = "";
        public static string Remark = "";
        public static string HousePhoto = "";
        public static int btnFlag = 0;
        public static int btnFlagHouseShow = 0;
        public static int btnFlagAddClient = 0;
        public static int btnFlagHouseSell = 0;
    }
}
```

2.3.5 RealtySys 房产管理系统测试

按照软件开发阶段定义，系统完成编码后，将进入测试阶段。本项目采用的测试方法与策略须考虑使用与 WinForms 应用程序相关的测试手段，测试时应考虑以下因素：

（1）在应用程序中须保证 GUI 的一致性。
（2）在软件中采用统一标准的键集。
（3）退出系统应该明确而敏捷。

1. 测试方法

在测试 Windows 程序时，可以分为四类测试，即标准化测试，GUI 测试，确认测试和功能测试。
（1）标准化测试：主要测试应用程序的外观是否与标准的 Windows 应用程序相同。
①开始时应用程序应该显示"关于系统"屏幕。
②大多数的屏幕/对话框应该有最小化、恢复和关闭按钮。
③代表应用程序的正确图标。

④所有的屏幕、对话框应该有和内容相对应的正确标题。
⑤应用程序可以在 Windows 的任务栏中显示。

(2) GUI(用户图形界面)测试：是指对使用 GUI 的软件进行的测试，测试时须考虑如下因素：
①所有对话框外观须一致。
②在屏幕上的每一个字段对应相应的标签。
③每一个屏幕都应有功能匹配的 OK 和 Cancel 按钮。
④使用的颜色组合应该有吸引力。
⑤字段间 Tab 的顺序应该是水平移动的。
⑥强制性字段必须用红色的星号"＊"标识。
⑦对话框的缺省 <Enter> 键应该设置在 OK 按钮上。
⑧对话框的缺省 <Esc> 键应该设置在 CANCEL 按钮上。

(3) 确认测试：又称有效性测试，是指在模拟环境下，运用黑盒测试方法，验证被测软件是否满足功能规格需求的测试方法。
①只可以输入数值的文本框字段，必须按如下需求检查：
　a. 只能够接受数字，不能接受字母。
　b. 如果字段只可以接受如日期、电话号码、邮编等的数字，那么就不能接受 0 和负数。
②只可以输入字母和数字的文本框字段，必须按如下需求检查：
　a. 只能够接受字母和数字。
　b. 如果字段只可以接受例如 First Name、Middle Name、Last Name、city 和 country 等，那么必须验证首字只可以是字母(有时可能可以接受像"－"，"_"等的特殊字符)。
③组合框字段，必须按如下需求测试：
　a. 检查下拉组合框时有值在其中，不为空。
　b. 下拉列表的值必须按照字母排序。这一点可能会根据需求而更改，但是标准惯例应该以字母排序。例如从列表中选择数据类型：日期、整数、字符串和文字等。
　c. 在关闭或打开同一个对话框时显示同一个被选中的数值。
　d. 缺省显示一些像"选择数值"或"＿＿＿"的字符串。这是因为这样可以使用户知道这个字段应该选择数值。避免显示列表中的第一个数值。
④列表框字段，必须按如下需求检查：
　a. 检查列表框中有数值，不为空列表框中的数值必须按字母排序并显示。这一点可能会根据需要更改，但是标准惯例应该以字母排序。
　b. 如果列表框支持多选，那么检查是否可以选择多个数值。
⑤如果字段是选项框，必须检查：
　a. 检查列出需求中所有的数值。例如选择日期格式，以下是可能显示的数值 mm/dd/yyyy, dd/mm/yyyy, mm/dd/yy, dd/mm/yy, yyyy/mm/dd 等。
　b. 在关闭或打开同一个对话框时显示同一个被选中的数值。

2. 测试分析方法

Windows 应用程序的测试除了上述要求外，还需要考虑系统是否有数据库，数据库应用程序会有性能、大数据量等特殊条件的测试需求。那么，接下来将根据 RealtySys 房产管理系统基于数据库的 Windows 应用程序的特征，初步设计出一些适应该系统的测试分析方法，并提供部分测试分析文档与测试用例。可以参照本书提供的分析报告模板与测试用例，方法如下：

(1)功能测试。
(2)性能测试。
①预期性能测试。
②用户并发测试。
③大数据量测试。
④疲劳强度测试。
⑤负载测试。
(3)兼容性测试。
下面提供测试用例模板与版本控制模板。
①测试用例模板:

用例编号	TestCase_RealtySys_FrmMain
项目名称	RealtySys
模块名称	FrmMain 模块
项目承担部门	中软国际(长沙)ETC – 质量管理部
用例作者	刘彬
完成日期	2014 – 06 – 16
本文档使用部门	质量管理部
评审负责人	
审核日期	
批准日期	

注:本文档由测试组提交,审核由测试组负责人签字,由项目负责人批准。
②版本控制模板。

版本/状态	作者	参与者	起止日期	备注
V1.1				

3. 测试分析方法用例

根据以上测试方法,对本系统测试如下:
(1)功能测试用例。

主要测试方法为用户通过 GUI(图形用户界面)与应用程序交互,对交互的输出或输入进行分析,以此来核实需求功能与实现功能是否一致,测试用例标识见表 2 – 12,测试用例见表 2 – 13。

表 2 – 12 测试用例标识表

用例标识	RealtySys_UseCntStaff_02	项目名称	RealtySys. Net	
开发人员		模块名称	UseCntStaff	
用例作者		参考信息	物业公司管理系统员工考核模块界面设计(2014 – 06 – 05).. vsd	
测试类型		设计日期	2014 – 02 – 14	测试人员	
测试方法	黑盒	测试日期		
用例描述				
前置条件				

表 2-13 测试用例表

编号	权限	测试项	测试类别	描述/输入/操作	期望结果	真实结果	备注
00001	无	导航栏	导航测试	浏览/点击导航连接	详细正确导航页面所在位置		
00002		添加删除修改按钮		添加修改删除按钮是否可用	不可用		
00003		接受、汇报按钮		①不是自己负责的数据未考核之前能否接受/汇报 ②属于自己负责的未接受之前是否可以接受 ③属于自己负责的数据接受后但未考核能否可以汇报 ④接受后的数据没有汇报但考核了,是否仍可以汇报	①不能 ②能 ③能 ④不能		
00004		考核审核按钮		这两按钮是否可用	这两个按钮为置灰,不可用		
00005		二级联动下拉列表	功能测试	下拉列表选择	①默认为"本月由我负责的工作",此时第2个下拉列表不显 ②当选择项非"…由我负责的工作"时第2个下拉列表正确显示员工名字 ③发生跟服务器交互时其他项显示正确		
00006		DataGridView	功能测试	①数据显示 ②点击列头排序 ③单击行(加按 Ctrl\Shift\Alt)选中数据	①根据二级联动下拉列表正确显示符合条件的数据 ②点击列头正确排序 ③选中数据单行(选中数据行为黄色)在文本框正确显示,不能多行选择		
00007		分页控件	功能测试	①点击"首页、上一页、下一页、尾页" ②页数下拉列表和跳转按钮	①能正确分页、翻页 ②能选择页数和正确跳转 ③对数据操作(增删改)后正确显示		
00008		月中、月末目标与月中、月末报告四个文本框	功能测试	①数据显示 ②字数过多滚动条功能	①正确显示 DataGrid 选中行的数据 ②字符数过多时显示滚动条并能正确滚动		
00009		界面 UI	UI 测试		页面没有错别字,跟整体风格一致,布局合理		

续表 2-13

编号	权限	测试项	测试类别	描述/输入/操作	期望结果	真实结果	备注
00010	无	导航栏		点击导航栏处显示的导航链接	1）正确显示所在页面的模块名称 2）正确导航		
00011		工作名称、负责人、考核人、开始日期、结束日期、工作量、月中月末考核目标、考核结果、考核说明各项		是否只能浏览	是		
00012		月中月末工作报告	信息汇报页面	这两个文本框能否填写	能		
00013		发送即时通 CkeckBox		能否点击选择、取消	能		
00014		月中、月末汇报 RadioButton		能否正常使用	能		
00015		汇报按钮		①汇报按钮单击能否正常使用 ②连续多次点击汇报按钮是否能正常汇报 ③汇报成功后，页面跳转到何处	①能 ②正常汇报 ③转到列表页		
00016		取消按钮		①取消按钮能否正常使用 ②点击取消按钮是只清空所填数据还是返回上一页 ③能否快速连续点击，是什么结果	①能 ②返回上一页工作考核数据列表页 ③返回上一页工作考核数据列表页		
00017		界面 UI		必填项是否有标识	页面没有错别字，跟整体风格一致，布局合理		
00018	分配权	导航栏	列表页面	浏览\点击导航连接	详细正确导航页面所在位置		
00019		添加按钮		点击添加按钮	进入信息添加页面		
00020		修改删除按钮		①未考核前，如是考核自己以及自己负责部门人员的数据修改删除按钮是否显示可用 ②未考核之前，不属于自己以及自己负责部门人员的，修改删除是否显示可用 ③已考核的是否可以修改删除 ④已审核的是否可以修改删除 ⑤对能删除的数据进行删除操作有没有提示 ⑥数据删除后返回到哪	①可用，修改进入修改页面，删除给出删除确定与否的提示 ②不可用 ③不可用 ④不可用 ⑤有提示 ⑥正确返回到列表页		

续表 2-13

编号	权限	测试项	测试类别	描述/输入/操作	期望结果	真实结果	备注
00021	分配权	接受\汇报按钮		①不是自己负责的数据未考核之前能否接受\汇报 ②属于自己的未接受之前时候是否可以接受 ③属于自己的数据接受后但未考核是否可以汇报 ④接受后的数据考核了是否仍可以汇报	①不能 ②可以接受 ③可以汇报 ④不可以		
00022		考核\审核按钮		①考核、审核按钮是否可用	不可用		
00023		关联的查看工作下拉列表框	列表页面	下拉列表选择	①默认为"本月由我负责的工作" ②当选择项非"…\由我负责\审核的工作"时第2个下拉列表正确显示员工名字 ③发生跟服务器交互时其他项显示正确		
00024		Grid 显示、排序		①是否显示正确数据 ②点击列头是否能排序	①正确显示 ②能正确排序而不影响页面上的其他正常功能		
00025		四个文本框的内容和滚动条		①数据显示 ②字数过多滚动条功能	①正确显示 DataGrid 选中行的数据 ②字符数过多时显示滚动条并能正确滚动		
00026		分页控件		①点击"首页、上一页、下一页、尾页" ②页数下拉列表和跳转按钮 ③对数据操作（增删改）后是否正确显示数据	①能正确分页、翻页 ②能选择页数和正确跳转 ③对数据操作（增删改）后正确显示		
00027		界面 UI			页面没有错别字,跟整体风格一致,布局合理		
00028		导航栏		点击导航栏处显示的导航链接	①正确显示所在页面的模块名称 ②正确导航		
00029		工作名称文本框	信息添加页面	①正确输入数据 ②输入特殊字符"~!@#$%^&*()_+[]||;:'"<字母>"或者特殊字符组合 ③输入超长字符是否可以提交 ④空工作名称是否可以提交	①不出现错误 ②不符合要求的给出"输入错误"处理提示 ③不能提交,给出"字符串超长"提示 ④不可以提交		

续表 2-13

编号	权限	测试项	测试类别	描述/输入/操作	期望结果	真实结果	备注
00030	分配权	信息添加页面	负责、考核人	①弹出页是否可正确选择使用 ②默认的考核人是否为信息添加者 ③考核人是否可以修改 ④是否可对非自己负责的部门人员添加工作任务	①弹出项能正确选择使用 ②考核人默认为信息添加者 ③考核人可以修改 ④不可以		
00031			开始、结束日期	①弹出页是否可正确使用 ②手动输入正确日期格式是否可以提交 ③手动输入非法日期格式是否可以提交 ④开始日期大于结束日期是否能提交,如不能提交有无提示 ⑤清空日期是否可提交	①弹出项能正确选择使用 ②手动输入正确日期格式能提交 ③手动输入非法日期格式不能提交,且应给出提示处理 ④开始日期大于结束日期不能提交,且要给出相应的提示 ⑤日期不能为空		
00032			工作量文本框	①填写合理的数字是否可提交 ②输入特殊字符"~!@#$%^&*()_+[]{}|;:'"<字母>"或者特殊字符组合 ③输入中文是否可以提交 ④输入"2147483648"是否能提交 ⑤输入小数、非正数是否可提交 ⑥空工作量是否可以提交	①正常提交 ②提示输入错误给出处理 ③提示输入错误 ④提示输入错误 ⑤可以输入小数,但不能输入非正数 ⑥提示不能为空		
00033			月中月末考核目标文本框	①是否能填写,能填写的话输入合法数据是否可提交 ②输入特殊字符"~!@#$%^&*()_+[]{}|;:'"<字母>"或者特殊字符组合是否可提交 ③是否可以为空	①能填写,输入合法数据能提交 ②合法的数据能提交,不合法的给予处理和错误提示 ③可以为空		
00034			月中月末工作报告文本框	①是否能填写,能填写的话输入合法数据能否提交 ②输入特殊字符"~!@#$%^&*()_+[]{}|;:'"<字母>"或者特殊字符组合是否可提交 ③是否可以为空	①置灰,不能填写 ②不能填写 ③不能填,原本为空		

续表 2-13

编号	权限	测试项	测试类别	描述/输入/操作	期望结果	真实结果	备注
00035		考核结果下拉列表框		下拉列表能否正常使用	不能		
00036		考核说明文本框		①是否能填写,能填写的话输入合法数据是否可提交 ②输入特殊字符"~!@#$%^&*()_+[]|||;:'"<字母>"或者特殊字符组合是否可以提交 ③是否可以为空	①置灰,不能填写 ②置灰,不能填写 ③置灰,不能填写		
00037		发送即时通 CkeckBox		能否点击选择、取消	能		
00038	分配权	添加按钮	信息添加页面	①添加按钮单击能否正常使用 ②能否快速连续点击,能的话同一数据是否添加多条? ③添加数据成功是否有给出添加成功的提示 ④添加成功后,页面跳转到何处	①能正常使用 ②不应该连续点击 ③给出添加成功的提示 ④之前添加的信息项清空,不跳转,以便继续添加		
00039		取消按钮		①取消按钮能否正常使用 ②点击取消按钮是只清空所填数据还是返回上一页 ③能否快速连续点击,是什么结果	①能 ②返回上一页工作考核数据列表页 ③返回上一页工作考核数据列表页		
00040		界面 UI		①必填项是否有标识 ②界面有无错别字,跟整体风格是否一致	①必填项给出必填标识 ②页面没有错别字,跟整体风格一致,布局合理		
00041		导航栏		点击导航栏处显示的导航链接	①正确显示所在页面的模块名称 ②正确导航		
00042		工作名称文本框	修改页面	①是否正确显示数据,能否修改数据 ②修改填入正确数据能否提交 ③修改时输入特殊字符"~!@#$%^&*()_+[]|||;:'"<字母>"或者特殊字符组合 ④修改输入超长字符是否可以提交 ⑤修改空工作名称是否可以提交	①是,能 ②可以提交 ③符合的提交,非法的给予处理和错误提示 ④不可以 ⑤不可以		

续表 2-13

编号	权限	测试项	测试类别	描述/输入/操作	期望结果	真实结果	备注
00043	分配权	负责、考核人弹出项	修改页面	①数据是否正确显示 ②能否修改,修改后能否正确提交	①是 ②修改,提交数据正确		
00044		开始、结束日期弹出项		①是否正确显示 ②是否能修改,输入合法数据能否正确提交 ③输入非法日期格式能否提交 ④开始日期大于结束日期能否提交 ⑤空日期能否提交	①是 ②能修改,提交数据正确 ③不能提交,给出处理提示 ④不能,给出提示 ⑤不能为空日期		
00045		工作量文本框		①是否可以修改 ②填写合理的数字是否可提交 ③输入特殊字符"~!@#$%^&*()_+[]|\l;'"<字母>"或者特殊字符组合 ④输入中文是否可提交 ⑤输入"2147483648"是否能提交 ⑥输入小数、非正数是否可提交 ⑦空工作量是否可提交	①可以修改 ②正常提交 ③提示输入错误给出处理 ④提示输入错误 ⑤提示输入错误 ⑥可以输入小数,但不能输入非正 ⑦提示不能为空		
00046		月中、月末考核目标文本框		①是否可以修改 ②输入特殊字符"~!@#$%^&*()_+[]|\l;'"<字母>"或者特殊字符组合是否可提交 ③是否可以为空	①是 ②合法的能提交,不合法的给予处理和提示 ③能		
00047		月中、月末工作报告文本框		①是否可以修改	①置灰,不能使用		
00048		考核结果下拉列表		①能否使用	①置灰,不能使用		
00049		发送即时通CkeckBox		①状态是否保存正确 ②能否点击修改选择、取消	①状态是否保存正确 ②能否点击修改选择、取消		
00050		修改按钮		①修改按钮能否正常使用 ②能否连续点击,连续点击是否对此修改信息提交多次 ③修改成功是否有给出提示 ④修改成功后,页面跳转到何处	①能 ②连续点击只修改数据,而不添加数据 ③修改成功给出修改成功的提示 ④转到工作考核数据列表页(保存最近一次的状态页面)		

续表 2-13

编号	权限	测试项	测试类别	描述/输入/操作	期望结果	真实结果	备注
00051	分配权	取消按钮	修改页面	①取消按钮能否正常使用 ②点击取消按钮是只清空所填数据还是返回上一页 ③能否快速连续点击,是什么结果	①能 ②返回上一页工作考核数据列表页 ③返回上一页工作考核数据列表页		
00052		界面 UI		必填项是否有标识	①必填项给出必填标识 ②页面没有错别字,跟整体风格一致,布局合理		

(2) 性能测试用例。

性能测试是一种对响应时间、事务处理速率和其他与时间相关的需求进行的测试和评估。性能测试的目标是核实性能需求是否都已满足。可以分为以下几种方式来组织进行测试。

①预期性能测试用例。

通常系统在设计前会提出一些性能指标,这些指标是性能测试要完成的首要工作,针对每个指标都要编写多个测试用例来验证是否达到要求,根据测试结果来改进系统的性能。预期性能指标通常以单用户为主,详见表 2-14。

表 2-14 预期性能测试用例表

测试目的			
前置条件			
测试需求	测试过程说明	期望的性能(平均值)	实际性能(平均值)
功能 1	场景 1		
	场景 2		
	场景 3		
备注:			

②用户并发测试用例。

用户并发测试是性能测试最主要的部分,主要是通过增加用户数量来加重系统负担,以检验测试对象能接收最大用户数来确定功能是否达到要求,详见表 2-15。

表 2-15 用户并发测试用例表

测试目的				
前提条件				
测试需求	输入(并发用户数)	用户通过率	期望性能(平均值)	实际性能(平均值)
功能 1	50			
	100			
	200			
功能 2	50			
	100			
	200			
备注:				

③大数据量测试用例。

大数据量测试是让测试对象处理大量的数据,以确定是否达到软件发生故障的极限,以及在给定时间能够持续处理的最大负载,详见表 2-16。

表 2-16 大数据量测试用例表

测试目的				
前提条件				
测试需求	输入(最大数据量)	事务成功率	期望性能(平均值)	实际性能(平均值)
功能 1	10000 第条记录			
	15000 第条记录			
	20000 第条记录			
功能 2	10000 第条记录			
	15000 第条记录			
	20000 第条记录			
…				
备注:				

④疲劳强度测试用例。

强度测试也是性能测试的一种,实施和执行此类测试的目的是找出因资源不足或资源争用而导致的错误。强度测试还可用于确定测试对象能够处理的最大工作量,详见表 2-17。

表 2-17 疲劳强度测试用例表

测试目的			
测试说明			
前提条件		连续运行 8 小时,设置添加 10 用户并发	
测试需求	输入/动作	输出/响应	是否正常运行
功能 1	2 小时		
	4 小时		
	6 小时		
	8 小时		
功能 1	2 小时		
	4 小时		
	6 小时		
	8 小时		

⑤负载测试用例。

负载测试也是性能测试中的一种。这种测试将使测试对象承担不同的工作量,以评测和评估测试对象在不同工作量条件下的性能行为,以及持续正常运行的能力。负载测试的目标是确定并确保系统在超出最大预期工作量的情况下能否正常运行。此外,负载测试还要评估性能特征,例如响应时间、事务处理速率和其他与时间相关的方面,详见表 2-18。

表 2-18 负载测试用例表

测试目的			
前提条件			
测试需求	输入	期望输出	是否正常运行
备注			

(3)兼容性测试。

在大多数生产环境中,客户机工作站、网络连接和数据库服务器的具体硬件规格会有所不同。客户机工作站可能会安装不同的软件,例如应用程序、驱动程序等,而且在任何时候,都可能运行许多不同的软件组合,从而占用不同的资源,详见表 2-19。

表 2-19 兼容性测试用例表

测试目的					
配置说明	操作系统	系统软件	外设	应用软件	结果
服务器	Window2000(S)				
	WindowXp				
	Window2000(P)				
	Window2003				
客户端	Window2000(S)				
	WindowXp				
	Window2000(P)				
	Window2003				
数据库服务器	Window2000(S)				
	WindowXp				
	Window2000(P)				
	Window2003				
浏览器	IE4.0 以上				
	NetScape				
	FireFox				
	Maxthon				
	其他				
备注					

2.4 项目小结与拓展

2.4.1 项目小结

本章从需求分析、系统分析、数据库设计、模块实现、系统测试等方面对 RealtySys 房产管理系统进行设计与开发。利用 PowerDesigner 绘制 E-R 图，生成数据库物理模型。利用 Visual Studio. Net C#技术实现系统功能。

2.4.2 项目拓展

就目前客户对房产类管理系统的需求，还可在以下几方面进行有意义的尝试与拓展：
(1)设计相关模块对购房与租赁的合同申报、审批流程以及档案规整等方面进行管理。
(2)设计工作流模式，动态监控现金流及财务收支情况。
(3)物管费、水电费、契税、维修基金等税费、管理费的收取与管理。
(4)引入 Project 项目管理内容，有效管理人资与物资。

第 3 章
ICSS – ETC 在线考试系统的设计与开发

3.1 项目描述

随着互联网的迅猛发展，特别是网络技术在现代教育领域的应用普及，以纸和笔为主要工具的传统考试方式显露出诸多弊端，网络在线考试系统以其较高的便捷性、公平性和高效率，受到各界的一致推崇，譬如在线计算机职称等级考试、在线计算机职业技能鉴定、在线英语听力测试等。在线考试方式突破了时间和空间的限制，从根本上解决了传统考试过程中的工作量大、效率低、反馈周期长、反馈能力弱、资源浪费等缺陷，成为现代教育技术发展的重要方向之一。

本项目是中软国际有限公司（ICSS）和吉首大学采用校企深度合作的方式，结合全国信息化工程 NCCP 考试中心的考务流程，共同研发的一套在线考试信息管理系统。适用于高校的教务考试中心、NCCP 认证考试中心等。

本章将完整介绍"ICSS – ETC 在线考试系统"设计与开发过程。依据考试业务需求分析，确定系统的功能需求，给出详细的系统设计方案（包括系统软件体系结构设计、功能设计、数据库结构设计等），采用 Microsoft .Net 技术和数据库技术进行代码开发，通过自动化测试工具 LoadRunner 进行系统测试。

3.2 项目目标

（1）考生模块实现在线考试和成绩查询功能。
（2）教师模块实现命题、题库管理、试卷管理、试卷批改、成绩统计、试卷打印等功能。
（3）管理员模块实现课程管理、用户管理、题库管理、试卷管理等功能。
系统性能需求与质量要求见表 3 – 1 和表 3 – 2。

表 3 – 1 性能需求清单

需求名称	详细要求
访问用户数	满足同时在线 1000 人
CPU 占有率	正常访问情况下不高于 90%
数据存储	支持 10 年以内数据存储
考试性能	切换题目间隔不大于 2 秒，登陆到服务器获得试卷不得超过 10 秒

表 3-2　其他软件质量属性清单

需求名称	详细要求
正确性	功能正确
易用性	用户界面友好
健壮性	可以允许用户错误输入
可移植性	本系统可以移植到独立服务器上

3.3　项目实施

3.3.1　ASP.Net 应用程序项目准备与环境搭建

1. 建模工具的安装与配置(Visio)

本案例以 Microsoft Visio 2007 版本为例说明安装过程。运行安装光盘的 setup.exe，第一步就要输入产品密钥，如图 3-1 所示。

输入正确 key 之后，点击"继续"，出现接受许可条款界面，如图 3-2 所示。

图 3-1　密钥输入界面　　　　　　图 3-2　许可协议界面

在"我接受此协议的条款"前打钩，点击"继续"，出现继续安装的界面，然后可以选择"立即安装"，剩下的步骤按照默认方式。

2. 开发工具安装与配置

开发工具的安装与配置请参见第 2.2 节第二部分的相关内容。

3. 应用服务器安装与配置

1) Windows Server 2003 的安装

首先点击安装光盘的 setup.exe 程序，进入第一个界面，如图 3-3 所示。

因为是安装 Windows，安装提示按 Enter 键，必须同意 Microsoft 的软件最终用户许可协议，按下 F8 表示同意。接下来是选择安装 Windows 所在的磁盘分区的界面，如图 3-4 所示。

这里选择默认的 C 盘，按下 Enter 键，如果是没有格式化过的磁盘会要求选择格式化，如

图3-5所示。

格式化后开始复制文件,几分钟后复制完成,会重新启动电脑。重启后,进入继续配置阶段,如图3-6所示。

后续安装步骤按照默认方式进行,当出现输入密钥时,将购买的密钥输入其中,如图3-7所示。

输入正确的密钥后,点"下一步",出现选择连接服务器数目的界面,选择默认的设置,然后进入下一步,出现设置密码的界面,如图3-8所示。

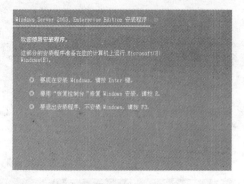

图3-3 启动画面

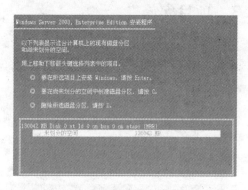

图3-4 Windows系统盘选择界面

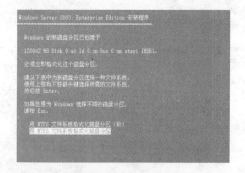

图3-5 格式化

图3-6 Windows安装界面

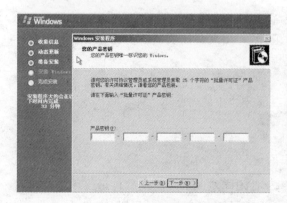

图3-7 产品密钥

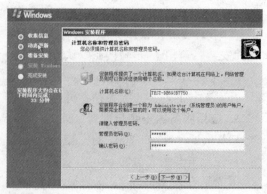

图3-8 设置管理员密码

安装好之后会再次自动重启,这时会出现登录界面,输入管理员密码,进入 Windows 2003 操作系统桌面。

2) IIS 的安装与配置

先安装好 win2003 系统后,才可以进行 IIS 安装与配置。它要通过控制面板来安装。具体做法如下:

①进入"控制面板"。

②双击"添加或删除程序"。

③单击"添加/删除 Windows 组件"。

④在"组件"列表框中,双击"应用程序服务器",如图 3-9 所示。

⑤在应用程序服务器界面,双击"Internet 信息服务(IIS)",如图 3-10 所示。

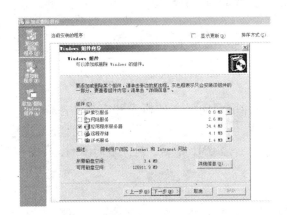

图 3-9 安装组件向导

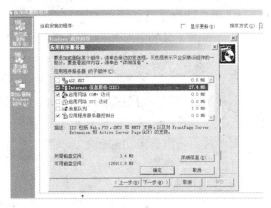

图 3-10 安装 IIS 组件

⑥在 Internet 信息服务界面,如图 3-11 所示,从中选择"万维网服务"及"文件传输协议(FTP)服务"。

⑦双击"万维网服务",在万维网服务界面,如图 3-12 所示,从中选择"Active Server Pages"及"万维网服务"等,点击"确定"。

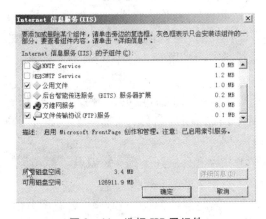

图 3-11 选择 IIS 子组件

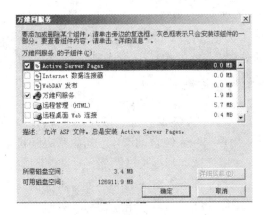

图 3-12 安装万维网服务子组件

安装好IIS后，系统自动创建了一个默认的Web站点，该站点的主目录默认为C:\\Inetpub\\wwwroot。

接下来是设置Web服务器，具体做法如下：

①在"开始"菜单中选择"管理工具"的下拉菜单中的"Internet信息服务(IIS)管理器"。

②在"Internet信息服务(IIS)管理器"中双击"本地计算机"。

③右击"网站"，在弹出菜单中选择"新建"的下拉菜单中的"网站"，打开"网站创建向导"。

④依次填写"网站描述""IP地址""端口号""路径"和"网站访问权限"等。最后，为了便于访问还应设置默认文档(Index.asp、Index.htm)。

4. DBMS以及建模工具的安装与配置

DBMS以及建模工具的安装与配置请参见第2.2节第三部分的相关内容。

5. 软件测试工具安装与配置

软件测试工具的安装与配置请参见第2.2节第四部分的相关内容。

3.3.2 需求分析

本系统采用面向对象需求分析方法，其核心是利用面向对象的概念和方法建造需求模型，包含图形语言机制和面向对象方法学。

面向对象分析所采用的图形语言中，应用最广泛的是UML语言，包含多种图例，其中在分析阶段常用的是用例图、活动图、状态图和类图等。

1. 需求提出

系统用户角色分为系统管理人员、任课老师、学工人员、教务人员和学生五类。其中，系统管理人员管理院系信息、课程信息、用户信息；任课老师可以录入和维护试题库，指定试卷题型分值，完成主观题阅卷，填写试卷分析表；学工人员录入和管理班级信息、学生信息；教务人员负责开考管理；系统随机抽题组卷，学生在指定的时间内登入系统进行考试，系统自动完成客观题评卷；所有用户根据权限可查询考试成绩。

2. 需求捕获

（1）系统管理人员录入和维护基本数据，包括院系信息(院系名称、院系编号)、专业信息(专业名称、专业编号、所属院系)、课程类别(基础必修｜专业必修｜专业限选｜专业任选｜文化选修)、课程信息(课程名称、课程编号、课程类别、开课院系、开课专业、学时数、学分数、考核方式)、试题类别信息(单选｜多选｜判断｜名词解释｜简答｜论述｜英译汉｜汉译英｜作文、主观｜客观)。

（2）系统管理人员负责进行用户管理，包括管理用户组(系统管理员｜院校领导｜任课老师｜学工人员｜教务人员｜学生)，录入用户基本信息(用户名称、所属院系、所属用户组、用户编号系统自动产生、初始密码随机生成)。

（3）任课老师维护试题库，对试题库中的试题(考核课程、试题类别、知识点｜章节、题干、选项、标准答案｜参考答案、难度值)进行录入、查询、修改、删除。

（4）任课老师负责组卷(指定考核课程、考试题型、各题型题量、难度权重、各题型分值、考试时长)。

（5）评卷的任课老师负责根据参考答案评阅主观题，评卷过程中要求隐藏学生信息；担任课程的任课老师根据班级考试成绩(班级、课程、成绩分布情况、错误最多考题),填写试卷分析表。

(6)学工人员录入和管理班级信息(班级名称、院系、专业、入学年份),录入和管理学生信息(学号、姓名、性别、出生年月、照片、院系、专业、班级、初始密码随机生成)。学生信息可以从 csv 文件导入。

(7)教务人员维护考试大纲(考试课程、知识点列表);任课信息(院系、专业、课程、班级、任课老师);负责开考管理,指定考试课程、考试班级、开考时间、阅卷老师。

(8)学生在开考时间内输入学号和密码后进入系统简答题。考试过程中页面上显示考生信息(含照片)。学生点击交卷后或者考试时间终止后,系统自动评定客观题成绩,并通知阅卷老师评阅主观题成绩。

(9)所有用户第一次登入系统时要求必须更改密码;所有用户可以修改自己的密码;学生可以查询自己所有课程成绩及本班指定课程成绩,教学及管理人员可以查询所有成绩。

(10)系统应该支持至少 1000 人同时考试。

系统用例图,如图 3-13 所示。

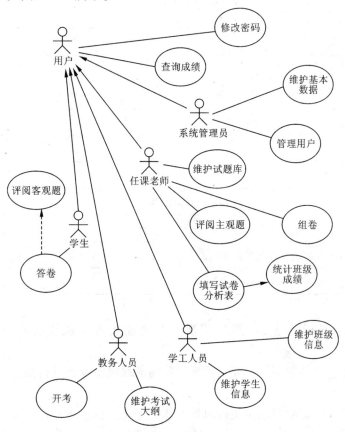

图 3-13 系统用例图

在绘制系统用例图之后需要编写用例说明,对用例作进一步的文字描述,之后在一些关键部分辅之以行动图、状态图。下面选取其中一个用例进行说明,表 3-1 为填写试卷分析表的用例文档。

表 3-3 填写试卷分析表用例文档

用例标识	ICSS-201507-02-01	用例名称	填写试卷分析表
创建人	某某	创建日期	2014-06-07
版本	V1.0	用例类型	试卷处理
用例描述	阅卷完毕后,系统会根据班级考试成绩统计成绩分布状况、学生错误较多的试题、知识点,并显示在页面上,然后由任课老师根据结果分析学生对知识点的掌握情况			
参与者	任课老师		
触发事件	用户点击"试卷分析"		
前置条件	已经完成所有试卷主观题及客观题评阅		
事件流 — 基本流程	任课老师进入教学任务后,点击相应班级课程的"试卷分析"; 在新弹出的试卷分析页面上部显示该班级考试成绩分布状况,答错的知识点分布状况; 任课老师在页面下部填写学习情况分析的结果; 填写完成后,点击"提交"			
事件流 — 扩展流程	无		
事件流 — 异常流程	无		
后置条件	无		
假设与约束	无		
非功能需求	无		
补充规格说明书	无	优先级	

业务需求列表

创建人	版本	描述	创建日期
某某	1.0	统计成绩分布状况并在页面上显示	2014-05-05
某某	1.0	任课老师提交分析的结果	2014-05-05

根据前面需求分析的结果,可以用活动图来描述考试系统业务流程,如图 3-14 所示。

除了活动图,有些情况下还需要对关键对象的流程状态变化进行描述,绘制出对应的状态图。

在使用状态图时,需要对某个关键对象的状态变化进行描述,而这些状态变化一定是在某个业务流程的大背景下进行的。图 3-15 是一份考试试卷整个生命周期的状态变化图,与活动图一样,实心圆点代表流程开始,圆边方框代表对象生命周期中的各个状态,状态节点间的实线箭头代表状态的切换,箭头描述触发状态切换的事件。此外,状态图可以有分支、分岔、汇合,带环实心圆代表对象生命周期的终结。

第 3 章 ICSS – ETC 在线考试系统的设计与开发

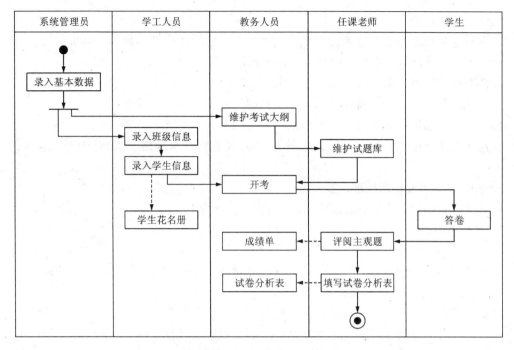

图 3 – 14 考试系统业务流程图

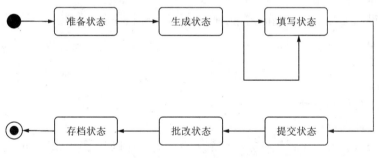

图 3 – 15 考试试卷状态图

3. 软件需求规格说明书(需求分析文档)参考模板

软件需求规格说明书用来描述用户的业务需求,附录提供了一个中软国际的参考模板。

3.3.3 ICSS – ETC 在线考试系统分析与设计

1. ICSS – ETC 在线考试系统设计步骤

体系结构设计流程如图 3 – 16 所示。

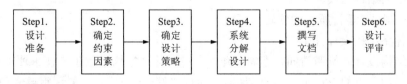

图 3 – 16 设计流程

Step1：设计准备。

①项目经理或者技术负责人分配系统设计任务，包括体系结构设计、模块设计、用户界面设计、数据库设计等。本阶段应制订一份系统设计计划书。

②体系结构设计人员阅读需求文档，明确设计任务。

③体系结构设计人员准备相关的设计工具(如 rational rose)和资料。

Step2：确定影响系统设计的约束因素。

①需求约束。体系结构设计人员从需求文档如《软件需求规格说明书》中提取需求约束，例如：

　　a. 本系统应当遵循的标准或规范。

　　b. 软件、硬件环境(包括运行环境和开发环境)的约束。

　　c. 接口/协议的约束。

　　d. 用户界面的约束。

　　e. 软件质量的约束，如正确性、健壮性、可靠性、效率(性能)、易用性、清晰性、安全性、可扩展性、兼容性、可移植性等。

②隐含约束。有一些假设或依赖并没有在需求文档中明确提出，但可能会对系统设计产生影响，设计人员应当尽可能地在此处说明。例如对用户教育程度、计算机技能的一些假设或依赖，对支撑本系统的软件硬件的假设或依赖等。

Step3：确定设计策略。

体系结构设计人员根据产品的需求，确定设计策略(design strategy)。例如：

①扩展策略。

②复用策略。

③折中策略。

Step4：系统分解与设计。

体系结构设计人员：

①将系统分解为若干子系统，确定每个子系统的功能以及子系统之间的关系。

②将子系统分解为若干模块，确定每个模块的功能以及模块之间的关系。

③确定系统开发、测试、运行所需的软硬件环境。

Step5：撰写体系结构设计文档。

体系结构设计人员根据指定的模板撰写《体系结构设计报告》，主要内容包括：

①软件系统概述。

②影响设计的约束因素。

③设计策略。

④系统总体结构。

⑤子系统的结构与模块功能。

⑥开发、测试、运行所需的软硬件环境。

Step6：体系结构设计评审。

①体系结构设计人员邀请同行专家、开发人员对体系结构进行正式技术评审。

②体系结构评审的重点不是"对还是错"，而是"好还是差"。主要评审要素包括：

　　a. 合适性。考察该体系结构是否适合于产品需求，是否可在预定计划内实现。

b. 系统的综合能力(capability)。例如"时—空"效率(性能,容量等),可扩展性,可管理性(可维护性),可复用性,安全性等,视产品特征而定。

2. ICSS – ETC 在线考试系统分析与设计方案

1)业务描述及动态建模

依据需求分析结果和各用例的功能逻辑,完成对应的逻辑设计。

初步绘制的系统类图如图 3 – 17 所示。

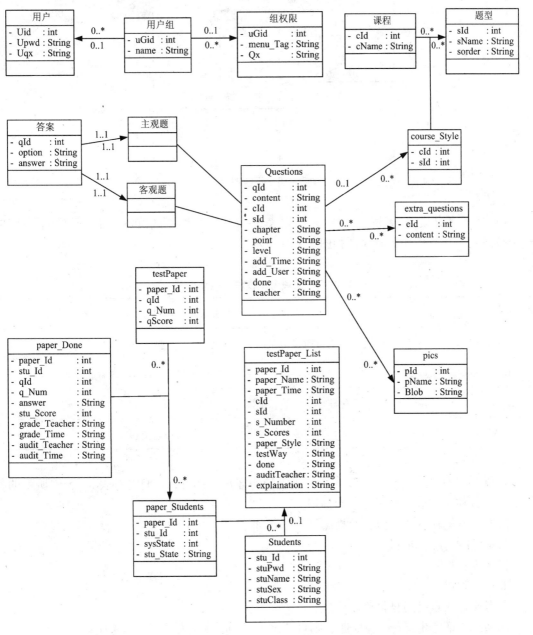

图 3 – 17 系统类图

系统整体时序图如图 3-18 所示。

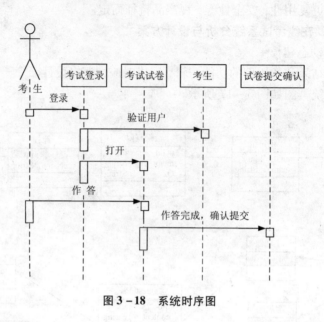

图 3-18　系统时序图

（1）阶段考试模块（系统客户端）。根据表 3-4 中对阶段考试模块业务流程的简要描述，整个阶段考试功能模块的时序图如图 3-19 所示。

表 3-4　阶段考试模块功能需求表

需求编号	需求名称	业务流程简要描述
Task1.1	登录考场	当考生进行阶段考试前，要先登录考场，验证身份
Task1.2	获取试卷	当考生登录考场后，获取本考次的试卷，并将试卷缓存于本地
Task1.3	作答	当考生获取试卷后，作答
Task1.4	交卷	当考生作答完成后，可自行交卷或自动强制交卷

阶段考试模块是 ICSS-ETC 在线考试系统的客户端部分，我们将对表 3-5 中所示的各个业务环节和业务规则进行详细的描述。

阶段考试模块各业务流程及规则详细描述如下：

Task1.1　登录考场

执行人：考生。

业务流程描述：

①考生输入自己的身份验证信息。

②系统验证考生身份，验证通过则自动进入考场，验证失败则提示考生。

业务规则说明：

①在业务流程第 1 步，考生应输入的身份验证信息包括：

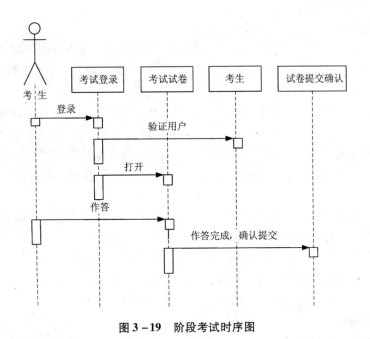

图 3-19 阶段考试时序图

a. 考号：必填。
b. 身份证号码：必填。
c. 姓名：必填。

②在业务流程第 2 步查询考号是否存在，身份证和姓名是否正确，有一项不符则登录失败；查询考生所属考次，如果未查询到此考生可参加的已启动的考次，则登录失败；确认考生是否迟到，如果登录时间在开始考试之后 30 分钟，则登录失败。

③在业务流程第 2 步考生连续多次登录失败的情形处理，暂不作处理。

④在业务流程第 2 步如果发现此考生处于已登录状态，则拒绝重新登录。

⑤在业务流程第 2 步中登录成功后，直到考试结束前，此考生的考号、身份证号码、姓名须在界面中一直可见。

Task1.2 获取试卷
执行人：考生。
业务流程描述：获取本考次试卷。
业务规则说明：根据考生所属考次，获取此考次的试卷。

Task1.3 作答
执行人：考生。
业务流程描述：
①显示试卷。
②考生针对试卷中某个试题输入或选择答案，确认答案。
业务规则说明：
①在业务流程第 1 步中，将获取到的试卷中所有试题按题型分类，题型的显示顺序按组卷时设置的题型排序方式处理，在每个分类中随机决定试题出现的顺序。参加同一考次每台

客户机显示的试题顺序都不一样。

②在业务流程第1步中，每次显示一个试题。

③在业务流程第1步中，考生可随时使用试题题号列表功能查看所有试题题号及每个试题[已经作答]或[暂未作答]的状态标识。此列表显示试题总数，已作答题数，未作答题数等统计信息。

④在业务流程第2步中，考生可随时在试题题号列表点击题号可切换到相应题目。

⑤在业务流程第2步后，考生可通过点击[上一题]、[下一题]来切换试题。

⑥在业务流程第2步后，由系统将试题题号列表中的本题状态标识更新为[已经作答]。

⑦在业务流程第2步中，考生离开本题进行另外一题作答前，需由用户确认保存本题答案。

⑧在考试结束前，因客户机程序崩溃、死机、停电导致考试中止，则由考生呼叫监考人员处理。由监考人员登录系统后台管理设置允许此考生重新登录考场。监考人员作此设置时系统应要求输入监考密码，并记录时间、监考人、考生。经此处理后考生可重新登录，继续考试。考生继续考试时，系统保证考生获取考试中止之前的同一份试卷，且试题顺序与中止之前相同，系统负责将考生已经作答的答案恢复到相应的试题中（采用智能客户端技术中的数据缓存进行处理）。

⑨在业务流程第1步中，显示考试结束时间倒计时提醒，此时间来自服务器，以一秒为频度自动更新。此提醒直到考试结束前考生一直可见。

Task1.4 交卷

执行人：考生。

业务流程描述：

①考生请求交卷。

②系统记录交卷时间和考生答案。

③提示交卷结果。

业务规则说明：

①在业务流程第1步中固定考生开始作答30分钟后才可交卷，此时间不参与后台配置管理。

②在业务流程第1步中考生请求交卷时，需由考生再次确认。

③如果在考试时间结束时考生仍未请求交卷，则由系统自动强制交卷。

④在业务流程第2步成功完成后，在业务流程第3步系统提示考生交卷成功，并显示考试用时，并将考生退出登录状态。

⑤在业务流程第2步，如果交卷失败，则由系统提示考生呼叫现场监考人员处理。监考人员安排考生更换一台机器重新登录后再次提交，如果再次失败，本系统不负责处理，应由现场监考人员记录此考生的答卷。

(2) 系统设置模块。

系统设置模块表功能需求见表3-5。

表 3-5 系统设置模块功能需求表

需求编号	需求名称	业务流程简要描述
Task2.1	操作员信息管理	创建用户并对操作者的权限进行分配与维护
Task2.2	角色分配	当设定某个后台系统用户后,进行角色分配
Task2.3	权限分配	对某个后台系统用户针对性的权限分配
Task2.4	角色维护	针对角色功能自身的维护
Task2.5	权限维护	针对权限功能自身的维护

系统设置权限的主要角色是操作员,对操作员用户的创建以及权限分配与维护是由"操作员信息管理"模块负责。根据软件需求规格说明书的要求,用户信息包括以下五个方面内容:

①用户 ID,必填,自动增长,唯一标识。
②用户登录名,必填。
③用户登录密码,必填。
④用户名,必填。
⑤是否禁用,必选。
(3)考生档案管理模块。
考生档案管理模块功能需求见表 3-6。

表 3-6 考生档案管理模块功能需求表

需求编号	需求名称	业务流程简要描述
Task3.1	导入考生信息	通过 Excel 采集考生信息并成批导入数据库
Task3.2	维护查询考生信息	对考生信息进行查询与数据的管理(增、删、改)

①"导入考生信息"界面原型,如图 3-20 所示。
②"维护查询考生信息"界面原型,如图 3-21 所示。
表 3-6 中需求编号 Task3.1 中通过 Excel 采集的考生信息导入到系统数据库的内容应包括:

①校区名称,必填。
②学期编号,必填。
③序号,必填。
④准考证号,必填。
⑤考生姓名,必填。
⑥考生姓名拼音,必填。
⑦性别,必填。
⑧身份证号,必填。
⑨班级编号,必填。
⑩年级,必填。

图 3-20　导入考生信息

图 3-21　维护查询考生信息

⑪班主任姓名，必填。

备注：可选，记录学生档案的额外说明。

(4) 题库管理。

①"考试题库录入"界面原型，如图 3-22 所示。

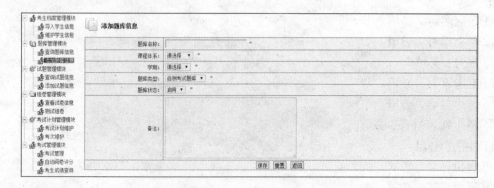

图 3-22　考试题库录入

②"考试题库维护"界面原型,如图 3-23 所示。

图 3-23 考试题库维护

题库管理模块功能需求见表 3-7。

表 3-7 题库管理模块功能需求表

需求编号	需求名称	业务流程简要描述
Task4.1	考试题库录入	题库管理员将新的考试题库录入系统
Task4.2	考试题库维护	有需求时,题库管理员可以对考试题库信息进行日常的删除、修改以及禁用等日常操作
Task4.3	题库试题维护	题库管理员可以对题库中的试题进行添加、修改和移除

根据表 3-7 中各需求的详细说明,可以将这三个过程定义为如图 3-24 所示的时序图。

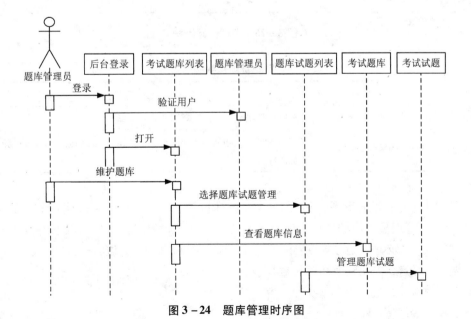

图 3-24 题库管理时序图

(5) 试题管理。

①"考试试题录入"界面原型，如图 3-25 所示。

图 3-25　考试试题录入

②"考试试题维护"界面原型，如图 3-26 所示。

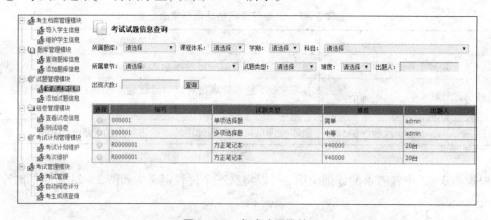

图 3-26　考试试题维护

表 3-8　试题管理模块功能需求表

需求编号	需求名称	业务流程简要描述
Task5.1	考试试题录入	试题管理员将新的考试试题录入系统
Task5.2	考试试题维护	有需求时，试题管理员可以对考试试题信息进行日常的删除和修改等日常操作

试题管理模块主要负责考试试题的录入与维护工作。由表 3-8 说明可知，需求编号 Task5.1 中试题管理员将新的考试试题录入系统。考试试题的属性将包括以下内容：

a. 试题编号：必填，编号规则：课程体系/年级/科目/序号（6 位）。

b. 题库：可选，关联到所属考试题库。

c. 课程体系：必选。

d. 学期：必选。

e. 课程：必选。
f. 标题：必填，考试试题的题目说明。
g. 内容：必填，考试试题的正文，只能包含文本和图片信息，对于选择类型题。
h. 标准答案：可选，考试试题的答案。
i. 难度：必填，考试试题的难度规则。
j. 解题思路：可选，考试试题的解题思路。
k. 所属章节：可选。
l. 出题人：必填。
m. 录入人：必填，默认记录系统当前录入用户。
n. 录入日期：必填，默认当前时间。
o. 备注：可选，记录当前试题的一些额外说明。

(6)组卷管理。

"测试组卷"界面原型，如图 3-27 所示。

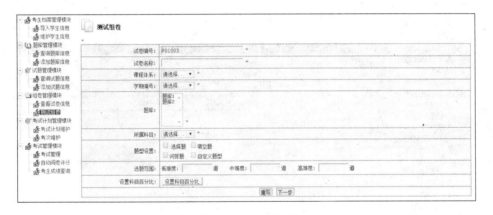

图 3-27　测试组卷

表 3-9　组卷管理模块功能需求表

需求编号	需求名称	业务流程简要描述
Task6.1	测试组卷	对阶段测试进行组卷

表 3-9 中需求编号 Task6.1 中对阶段测试进行组卷所产生的试卷具有以下信息：
a. 题库：必选。
b. 课程体系：必选。
c. 题目类型：必填，包括选择题、填空题、问答题以及用户自定义题型。
d. 题目类型所占百分比：必填，整数。
e. 试卷难度等级：设定各个难度等级所占题数百分比。
f. 测试科目：必填，选择单科就会生成单科试卷，选综合就会生成阶段测试试卷。
g. 科目百分比：可选，仅在选择综合时可用，选择各科目在题中所占的百分比。

(7)考试管理。

①"考试计划"界面原型，如图 3-28 所示。

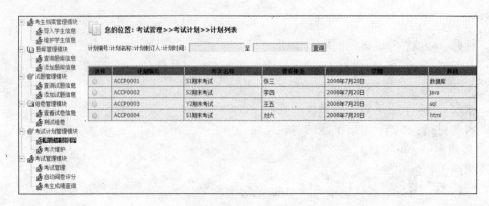

图 3-28　考试计划

②"考次管理"界面原型，如图 3-29 所示。

图 3-29　考次管理

③"考试管理"界面原型，如图 3-30 所示。

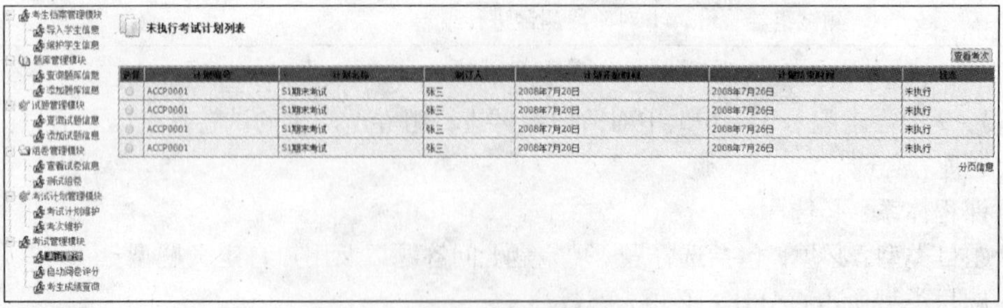

图 3-30　考试管理

④"查询管理"界面原型，如图 3-31 所示。

根据表 3-10 中各需求的详细说明，可以将这五个过程定义为如图 3-32 所示的时序图。

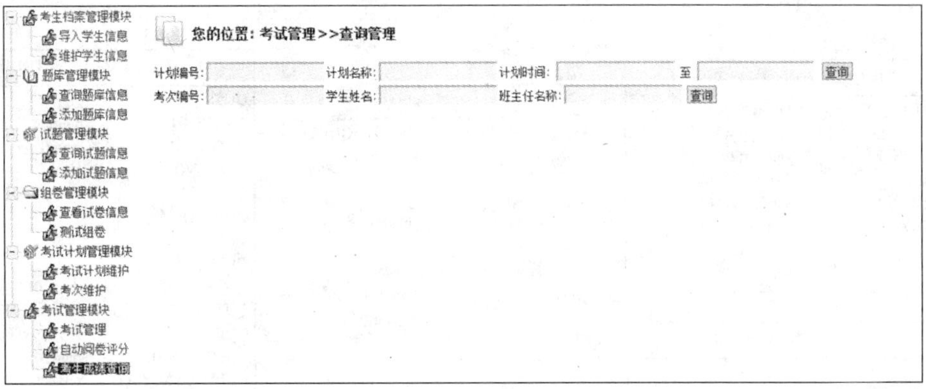

第 3 章 ICSS – ETC 在线考试系统的设计与开发

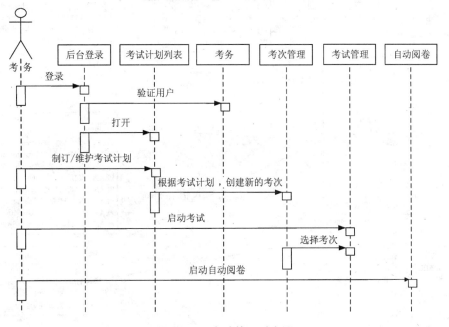

图 3 – 31 考生成绩查询管理

表 3 – 10 考试管理模块功能需求表

需求编号	需求名称	业务流程简要描述
Task7.1	考试计划	某次考试计划的制订
Task7.2	考次管理	考次管理
Task7.3	考试管理	控制考试的过程
Task7.4	自动阅卷	系统自动对选择题评分
Task7.5	查询管理	查询相关考试信息

图 3 – 32 考试管理时序图

2) 数据库设计

采用 PowerDesigner 建模工具建立在线考试系统的 E – R 图，如图 3 – 33 所得数据物理模型。

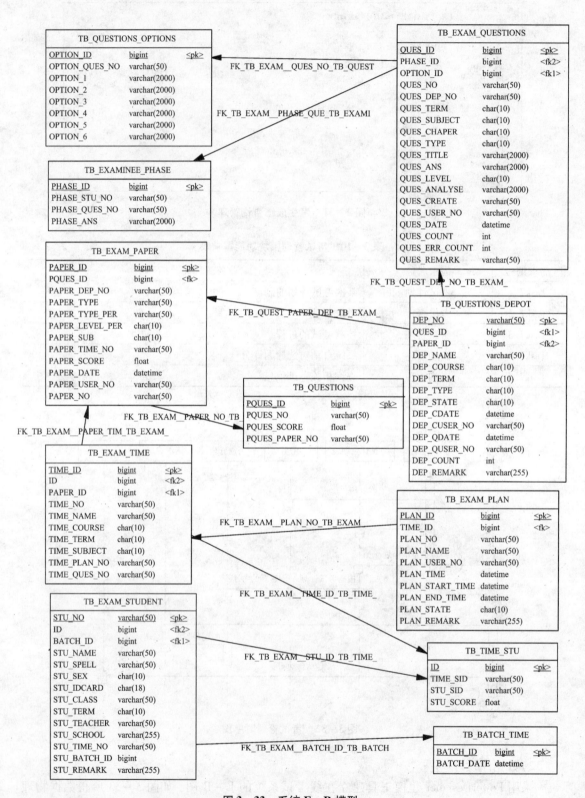

图 3-33 系统 E-R 模型

根据上面的数据概念模型,利用 PD 工具建立系统的物理模型和实际数据库。数据库具体表格清单见表 3-11。

表 3-11 在线考试系统各数据表代码及说明

序号	数据表代码	数据表名称
1	TB_EXAM_STUDENT	学员报考信息表
2	TB_BATCH_TIME	学员导入批次信息表
3	TB_QUESTIONS_DEPOT	考试题库信息表
4	TB_EXAM_QUESTIONS	考试试题信息表
5	TB_QUESTIONS_OPTIONS	试题选项信息表
6	TB_EXAM_PAPER	试卷信息表
7	TB_QUESTIONS	试卷试题信息表
8	TB_EXAM_TIME	考次安排表
9	TB_TIME_STU	考次学员信息表
10	TB_EXAM_PLAN	考试计划信息表
11	TB_EXAMINEE_PHASE	考生阶段考试试卷信息表

根据数据库表格清单的要求,以及需求文档对于每个定义实体中属性的具体描述,将编撰出 ICSS-ETC 在线考试系统的数据字典,详细情况如下:

①学员报考信息表(TB_EXAM_STUDENT),见表 3-12。

表 3-12 考生报考信息表(TB_EXAM_STUDENT)

内容	字段名	字段类型	字段长度	是否为空	约束/其他说明
序号	STU_ID	bigint		Not Null	主键
准考证号	STU_NO	varchar	50	Not Null	
考生姓名	STU_NAME	varchar	50	Not Null	
考生姓名拼音	STU_SPELL	varchar	50	Not Null	
性别	STU_SEX	char	10	Not Null	代码表配置
身份证号	STU_IDCARD	char	18	Not Null	
班级编号	STU_CLASS	varchar	50	Not Null	
学期	STU_TERM	char	10	Not Null	代码表配置
班主任姓名	STU_TEACHER	varchar	50	Not Null	
校区名称	STU_SCHOOL	varchar	255	Not Null	代码表配置
考次	STU_TIME_NO	varchar	50	Not Null	关联考次信息
导入批次	STU_BATCH_ID	bigint		Null	
备注	STU_REMARK	varchar	255	Null	

②考生导入批次信息表(TB_BATCH_TIME),见表3-13。

表3-13 学员导入批次信息表(TB_BATCH_TIME)

内容	字段名	字段类型	字段长度	是否为空	约束/其他说明
批次序号	BATCH_ID	bigint		Not Null	主键
批次时间	BATCH_DATE	datetime		Not Null	

③考试题库信息表(TB_QUESTIONS_DEPOT),见表3-14。

表3-14 考试题库信息表(TB_QUESTIONS_DEPOT)

内容	字段名	字段类型	字段长度	是否为空	约束/其他说明
序号	DEP_ID	bigint		Not Null	主键
题库编号	DEP_NO	varchar	50	Not Null	
题库名字	DEP_NAME	varchar	50	Not Null	
课程体系	DEP_COURSE	char	10	Not Null	
学期	DEP_TERM	char	10	Not Null	代码表配置
题库类型	DEP_TYPE	char	10	Not Null	
题库状态	DEP_STATE	char	10	Not Null	
创建时间	DEP_CDATE	datetime		Not Null	代码表配置
创建人	DEP_CUSER_NO	varchar	50	Not Null	
最后修改时间	DEP_QDATE	datetime		Null	代码表配置
最后修改人	DEP_QUSER_NO	varchar	50	Null	关联考次信息
试题总数	DEP_COUNT	int		Not Null	
备注	DEP_REMARK	varchar	255	Null	

④考试试题信息表(TB_EXAM_QUESTIONS),见表3-15。

表3-15 考试试题信息表(TB_EXAM_QUESTIONS)

内容	字段名	字段类型	字段长度	是否为空	约束/其他说明
序号	QUES_ID	bigint		Not Null	编号规则:课程体系/年级/科目/序号(6位)
试题编号	QUES_NO	varchar	50	Not Null	关联到考试题库信息表
题库编号	QUES_DEP_NO	varchar	50	Null	代码表配置
学期	QUES_TERM	char	10	Not Null	代码表配置
科目	QUES_SUBJECT	char	10	Not Null	代码表配置
所属章节	QUES_CHAPER	char	10	Null	代码表配置

续表 3-15

内容	字段名	字段类型	字段长度	是否为空	约束/其他说明
试题类型	QUES_TYPE	char	10	Not Null	
题干	QUES_TITLE	varchar	2000	Not Null	
标准答案	QUES_ANS	varchar	2000	Null	代码表配置
难度	QUES_LEVEL	char	10	Not Null	
解题思路	QUES_ANALYSE	varchar	2000	Null	可以不为系统用户
出题人	QUES_CREATE	varchar	50	Null	关联到用户信息表
录入人编号	QUES_USER_NO	varchar	50	Not Null	默认当前时间
录入时间	QUES_DATE	datetime		Not Null	默认为 0
出现次数	QUES_COUNT	int		Not Null	默认为 0
错误次数	QUES_ERR_COUNT	int		Not Null	
备注	QUES_REMARK	varchar	255	Not Null	编号规则：课程体系/年级/科目/序号(6位)

⑤试题选项信息表(TB_QUESTIONS_OPTIONS)，见表 3-16。

表 3-16 试题选项信息表(TB_QUESTIONS_OPTIONS)

内容	字段名	字段类型	字段长度	是否为空	约束/其他说明
序号	OPTION_ID	bigint		Not Null	主键
试题编号	OPTION_QUES_NO	varchar	50	Not Null	关联到试题编号
选项一	OPTION_1	varchar	2000		
选项二	OPTION_2	varchar	2000		
选项三	OPTION_3	varchar	2000		
选项四	OPTION_4	varchar	2000		
选项五	OPTION_5	varchar	2000		
选项六	OPTION_6	varchar	2000		

⑥学员报考信息表(TB_EXAM_STUDENT)，见表 3-17。

表 3-17 学员报考信息表(TB_EXAM_STUDENT)

内容	字段名	字段类型	字段长度	是否为空	约束/其他说明
序号	PAPER_ID	bigint		Not Null	主键
题库	PAPER_DEP_NO	varchar	50	Not Null	
试题类型	PAPER_TYPE	varchar	50	Not Null	记录试卷的试题类型

续表 3-17

内容	字段名	字段类型	字段长度	是否为空	约束/其他说明
题目类型所占比例	PAPER_TYPE_PER	varchar	50	Not Null	
试卷难度系数	PAPER_LEVEL_PER	char	10	Null	代码表配置
测试科目	PAPER_SUB	char	10	Not Null	代码表配置
考次	PAPER_TIME_NO	varchar	50	Null	
试卷分数	PAPER_SCORE	float		Null	
组卷时间	PAPER_DATE	datetime		Not Null	默认为当前时间
组卷人编号	PAPER_USER_NO	varchar	50	Not Null	关联到用户信息表

⑦试卷试题信息表(TB_QUESTIONS)，见表 3-18。

表 3-18 试卷试题信息表(TB_QUESTIONS)

内容	字段名	字段类型	字段长度	是否为空	约束/其他说明
序号	PQUES_ID	bigint		Not Null	主键
试题编号	PQUES_NO	varchar	50	Not Null	关联到试题信息表
试题分值	PQUES_SCORE	float		Not Null	
试卷编号	PQUES_PAPER_NO	varchar	50	Not Null	关联到试卷信息表

⑧考次安排表(TB_EXAM_TIME)，见表 3-19。

表 3-19 考次安排表(TB_EXAM_TIME)

内容	字段名	字段类型	字段长度	是否为空	约束/其他说明
标识列	TIME_ID	bigint		Not Null	主键
考次编号	TIME_NO	varchar	50	Not Null	
考次名称	TIME_NAME	varchar	50	Not Null	
课程体系	TIME_COURSE	Char	10	Not Null	代码表配置
学期	TIME_TERM	Char	10	Not Null	代码表配置
科目	TIME_SUBJECT	Char	10	Not Null	代码表配置
考试计划编号	TIME_PLAN_NO	Varchar	50	Null	关联到考试计划信息表
试卷编号	TIME_QUES_NO	Varchar	50	Null	关联到试卷信息表

⑨考次考生信息表(TB_TIME_STU)，见表 3-20。

表 3-20 考次学员信息表(TB_TIME_STU)

内容	字段名	字段类型	字段长度	是否为空	约束/其他说明
标识列	ID	bigint		Not Null	主键
考次编号	TIME_ID	varchar	50	Not Null	关联到考次信息表
准考证号	STU_ID	varchar	50	Not Null	关联到学员报考信息表
分数	STU_SCORE	float		Null	记录学员当次考试后的分数

⑩考生报考信息表(TB_EXAM_STUDENT),见表3-21。

表 3-21 学员报考信息表(TB_EXAM_STUDENT)

内容	字段名	字段类型	字段长度	是否为空	约束/其他说明
标识列	PLAN_ID	bigint		Not Null	主键
计划编号	PLAN_NO	varchar	50	Not Null	
计划名称	PLAN_NAME	varchar	50	Not Null	
制订人编号	PLAN_USER_NO	varchar	50	Not Null	关联到用户信息表
计划录入时间	PLAN_TIME	datetime		Not Null	默认当前时间
计划开始时间	PLAN_START_TIME	datetime		Null	
计划结束时间	PLAN_END_TIME	datetime		Null	
计划状态	PLAN_STATE	char	10	Not Null	代码表配置
备注	PLAN_REMARK	varchar	255	Null	

⑪阶段考试试卷信息表(TB_EXAMINEE_PHASE),见表3-22。

表 3-22 考生阶段考试试卷信息表(TB_EXAMINEE_PHASE)

内容	字段名	字段类型	字段长度	是否为空	约束/其他说明
序号	PHASE_ID	bigint		Not Null	主键
准考证号	PHASE_STU_NO	Varchar	50	Not Null	关联学员报考信息表
试题编号	PHASE_QUES_NO	Varchar	50	Not Null	关联试题信息表
试题答案	PHASE_ANS	varchar	2000	Null	

利用 PD 建模工具,可以生成在线考试系统建库 SQL 脚本,详细内容如下:

```
/*==============================================================*/
/* Table: TB_EXAMINEE_PHASE                                     */
/*==============================================================*/
create database exam
go
```

```sql
use exam
go
create table TB_EXAMINEE_PHASE (
    PHASE_ID                bigint              identity,
    PHASE_STU_NO            varchar(50)         not null,
    PHASE_SEQ_ID            int                 not null,
    PHASE_QUES_ID           bigint              null,
    PHASE_ANS               varchar(2000)       null,
constraint PK_TB_EXAMINEE_PHASE primary key (PHASE_ID)
)
go

/*==============================================================*/
/* Table: TB_EXAM_PAPER                                         */
/*==============================================================*/
create table TB_EXAM_PAPER (
    PAPER_ID                bigint              identity,
    PAPER_DEP_NO            varchar(50)         null,
    PAPER_TYPE              varchar(50)         null,
    PAPER_TYPE_PER          varchar(50)         null,
    PAPER_LEVEL_PER         char(10)            null,
    PAPER_SUB               char(10)            null,
    PAPER_SUB_PER           varchar(50)         null,
    PAPER_TIME_NO           varchar(50)         null,
    PAPER_SCORE             float               null,
    PAPER_DATE              datetime            null default getdate(),
    PAPER_USER_NO           varchar(50)         null,
constraint PK_TB_EXAM_PAPER primary key (PAPER_ID)
)
go

/*==============================================================*/
/* Table: TB_EXAM_PLAN                                          */
/*==============================================================*/
create table TB_EXAM_PLAN (
    PLAN_ID                 bigint              identity,
    PLAN_NO                 varchar(50)         not null,
    PLAN_NAME               varchar(50)         not null,
    PLAN_USER_NO            varchar(50)         not null,
    PLAN_TIME               datetime            not null default getdate(),
    PLAN_START_TIME         datetime            null,
    PLAN_END_TIME           datetime            null,
    PLAN_STATE              char(10)            not null,
```

```sql
    PLAN_REMARK             varchar(255)            null,
constraint PK_TB_EXAM_PLAN primary key  (PLAN_ID)
)
go


/*==============================================================*/
/* Table: TB_EXAM_QUESTIONS                                     */
/*==============================================================*/
create table TB_EXAM_QUESTIONS (
    QUES_ID                 bigint                  identity,
    QUES_NO                 varchar(50)             not null,
    QUES_DEP_ID             bigint                  null,
    QUES_TERM               char(10)                not null,
    QUES_SUBJECT            char(10)                not null,
    QUES_CHAPER             char(10)                null,
    QUES_TYPE               char(10)                not null,
    QUES_TITLE              varchar(2000)           not null,
    QUES_ANS                varchar(2000)           null,
    QUES_LEVEL              char(10)                not null,
    QUES_ANALYSE            varchar(2000)           null,
    QUES_CREATE             varchar(50)             null,
    QUES_USER_NO            varchar(50)             not null,
    QUES_DATE               datetime                not null default getdate(),
    QUES_COUNT              bigint                  not null,
    QUES_REMARK             varchar(255)            null,
constraint PK_TB_EXAM_QUESTIONS primary key  (QUES_ID)
)
go


/*==============================================================*/
/* Table: TB_EXAM_STUDENT                                       */
/*==============================================================*/
create table TB_EXAM_STUDENT (
    STU_ID                  bigint                  identity,
    STU_NO                  varchar(50)             not null,
    STU_NAME                varchar(50)             not null,
    STU_SPELL               varchar(50)             not null,
    STU_SEX                 char(10)                not null,
    STU_IDCARD              char(18)                not null,
    STU_CLASS               varchar(50)             not null,
    STU_TERM                char(10)                not null,
    STU_TEACHER             varchar(50)             not null,
    STU_SCHOOL              varchar(255)            null,
```

```sql
        STU_TIME_ID            bigint                 null,
        STU_BATCH_USER         varchar(50)            not null,
        STU_BATCH_DATE         varchar(50)            null default getdate(),
        STU_SCORE              int                    null,
        STU_REMARK             varchar(255)           null,
    constraint PK_TB_EXAM_STUDENT primary key  (STU_ID)
)
go


/*==============================================================*/
/* Table: TB_EXAM_TIME                                          */
/*==============================================================*/
create table TB_EXAM_TIME (
        TIME_ID                bigint                 identity,
        TIME_NO                varchar(50)            not null,
        TIME_NAME              varchar(50)            not null,
        TIME_COURSE            char(10)               not null,
        TIME_TERM              char(10)               not null,
        TIME_SUBJECT           char(10)               not null,
        TIME_PLAN_ID           bigint                 not null,
        TIME_QUES_ID           bigint                 not null,
        TIME_STATE             char(10)               not null,
        TIME_START_DATE        datetime               null,
        TIME_LONG              int                    null,
        TIME_USER              varchar(50)            null,
        TIME_TDATE             datetime               null default getdate(),
        TIME_REMARK            varchar(255)           null,
    constraint PK_TB_EXAM_TIME primary key  (TIME_ID)
)
go


/*==============================================================*/
/* Table: TB_QUESTIONS                                          */
/*==============================================================*/
create table TB_QUESTIONS (
        PQUES_ID               bigint                 identity,
        PQUES_QUES_ID          bigint                 null,
        PQUES_SCORE            float                  null,
        PQUES_PAPER_ID         bigint                 null,
    constraint PK_TB_QUESTIONS primary key  (PQUES_ID)
)
go
```

```sql
/*==============================================================*/
/* Table: TB_QUESTIONS_DEPOT                                    */
/*==============================================================*/
create table TB_QUESTIONS_DEPOT (
    DEP_ID              bigint              identity,
    DEP_NO              varchar(50)         not null,
    DEP_NAME            varchar(50)         not null,
    DEP_COURSE          char(10)            not null,
    DEP_TERM            char(10)            not null,
    DEP_TYPE            char(10)            not null,
    DEP_STATE           char(10)            not null,
    DEP_CDATE           datetime            not null default getdate(),
    DEP_CUSER_NO        varchar(50)         not null default getdate(),
    DEP_QDATE           datetime            null,
    DEP_QUSER_NO        varchar(50)         null,
    DEP_COUNT           int                 not null,
    DEP_REMARK          varchar(255)        null,
    constraint PK_TB_QUESTIONS_DEPOT primary key (DEP_ID)
)
go


/*==============================================================*/
/* Table: TB_QUESTIONS_OPTIONS                                  */
/*==============================================================*/
create table TB_QUESTIONS_OPTIONS (
    OPTION_ID           bigint              identity,
    OPTION_QUES_ID      bigint              not null,
    OPTION_SEQNUM       varchar(10)         not null,
    OPTION_CONTENT      varchar(2000)       not null,
    constraint PK_TB_QUESTIONS_OPTIONS primary key (OPTION_ID)
)
go

alter table TB_EXAMINEE_PHASE
    add constraint FK_TB_EXAMI_REFERENCE_TB_EXAM_ foreign key (PHASE_QUES_ID)
      references TB_EXAM_QUESTIONS (QUES_ID)
go

alter table TB_EXAM_QUESTIONS
    add constraint FK_TB_EXAM__REFERENCE_TB_QUEST foreign key (QUES_DEP_ID)
      references TB_QUESTIONS_DEPOT (DEP_ID)
go
```

```
alter table TB_EXAM_STUDENT
add constraint FK_TB_EXAM__REFERENCE_TB_EXAM_6 foreign key (STU_TIME_ID)
references TB_EXAM_TIME (TIME_ID)
go

alter table TB_EXAM_TIME
add constraint FK_TB_EXAM__REFERENCE_TB_EXAM_4 foreign key (TIME_PLAN_ID)
references TB_EXAM_PLAN (PLAN_ID)
go

alter table TB_EXAM_TIME
add constraint FK_TB_EXAM__REFERENCE_TB_EXAM_5 foreign key (TIME_QUES_ID)
references TB_EXAM_PAPER (PAPER_ID)
go

alter table TB_QUESTIONS
add constraint FK_TB_QUEST_REFERENCE_TB_EXAM_2 foreign key (PQUES_QUES_ID)
references TB_EXAM_QUESTIONS (QUES_ID)
go

alter table TB_QUESTIONS
add constraint FK_TB_QUEST_REFERENCE_TB_EXAM_3 foreign key (PQUES_PAPER_ID)
references TB_EXAM_PAPER (PAPER_ID)
go

alter table TB_QUESTIONS_OPTIONS
add constraint FK_TB_QUEST_REFERENCE_TB_EXAM_1 foreign key (OPTION_QUES_ID)
references TB_EXAM_QUESTIONS (QUES_ID)
go
```

3.3.4 系统编码

ICSS – ETC 在线考试系统是一个以 Microsoft.Net 平台生成的 WebForms 解决方案。本方案围绕阶段考试系统建立，包括题库管理、试题管理、组卷管理、考试管理、考生档案管理、系统设置以及最为重要的阶段考试客户端等基本功能。

系统编码分为客户端与服务器端两部分。

ICSS – ETC 在线考试系统功能模块与系统整体结构如图 3 – 34 所示。

1. 客户端功能模块设计思路与部分源码

客户端对应于系统的阶段考试模块，运行平台为 Web 浏览器，采用模块化设计，功能模块如图 3 – 35 所示。

1) 考生登录模块

考生登录模块是系统确认考生身份的第一次验证操作。该模块确定考生的合法登录，以及登录后考生所拥有的各种操作权限。阶段考试开始，考生打开浏览器，并输入 ICSS – ETC

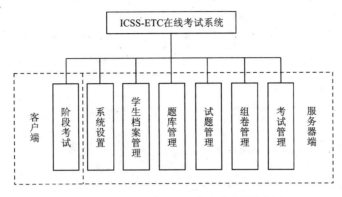

图 3-34　ICSS-ETC 系统的功能模块划分

在线考试系统的 URL(统一资源定位符),进入系统的登录界面。这时网络处于连接状态,提出客户端查询请求,获得服务器端数据库中的验证信息。智能客户端技术提供在线和离线两种应用场景的连接机制,根据阶段考试的实际业务需求,考生在进行考试时,不需要将验证信息存储于客户端计算机。所以,本系统的考生登录模块采用的处理方式是保持网络的连接状态(即在线模式)。当考生输入自己的用户名和密码等验证信息后,系统通过验证,将登录到系统并获取操作权限。

其中在登录模块中进行数据操作和处理的主要是系统管理员、考生和监考教师三类用户角色。

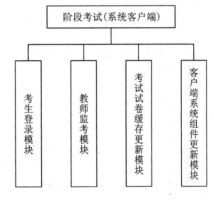

图 3-35　ICSS-ETC 在线考试系统客户端各功能模块

考生在进入考试之前,必须先登录并进行相应的用户验证,确认考生获取试卷的合法性。该部分代码分为 Web 前端与 ASP.Net 服务器端代码。

(1)阶段考试考生登录 Web 前端代码:

```
<%@ Page Language = "C#" AutoEventWireup = "true" CodeFile = "Login.aspx.cs" Inherits = "Login" %>
<! DOCTYPE html PUBLIC " -//W3C//DTD XHTML 1.0 Transitional//EN" "http://www.w3.org/TR/xhtml1/DTD/xhtml1-transitional.dtd">
< htmlxmlns = "http://www.w3.org/1999/xhtml" >
< headrunat = "server" >
    < title > 中软国际 ICSS - ETC 在线考试系统_阶段考试_登录考场 </title>
    < link type = "text/css" rel = "stylesheet" href = "css/Base.css" />
    < style type = "text/css" >
    .alert {
color: blue;
```

```
            width: 240px;
        }
        #LabelResult{
color: red;
        }
        </style>
</head>
<body>
    <form id="form1" runat="server">
    <div>
        <table border="0" align="center" width="560px">
            <tr>
                <td width="90px" style="height: 26px">准考证号码</td>
                <td style="height: 26px">
                    <asp:TextBox ID="TextBoxStudent_NO" runat="server" MaxLength="10"></asp:TextBox></td>
                <td class="alert" style="height: 26px">
请核对你的准考证号码</td>
            </tr>
            <tr>
                <td>考生姓名</td>
                <td>
                    <asp:TextBox ID="TextBoxStudent_Name" runat="server" MaxLength="4"></asp:TextBox></td>
                <td class="alert">
请填写报考时的姓名</td>
            </tr>
            <tr>
                <td style="height: 28px">身份证号码</td>
                <td style="height: 28px">
                    <asp:TextBox ID="TextBoxStudent_CardID" runat="server" MaxLength="18"></asp:TextBox></td>
                <td class="alert">
请核对你的身份证</td>
            </tr>
            <tr>
                <td style="height: 42px"></td>
                <tdcolspan="2" style="height: 42px">
                    <asp:Button ID="ButtonLogin" runat="server" Text="登录考场" OnClick="ButtonLogin_Click" />
                    <input id="BtnReset" type="reset" value="重新填写" />
                    <br />
                    <asp:Label ID="LabelResult" runat="server"></asp:Label>
```

```
            <asp:Label ID="LabelNav" runat="server"></asp:Label></td>
        </tr>
      </table>
    </div>
  </form>
</body>
</html>
```

(2) 阶段考试考生登录服务器端代码：

```csharp
using System;
usingSystem.Data;
usingSystem.Configuration;
usingSystem.Collections;
usingSystem.Web;
usingSystem.Web.Security;
usingSystem.Web.UI;
usingSystem.Web.UI.WebControls;
usingSystem.Web.UI.WebControls.WebParts;
usingSystem.Web.UI.HtmlControls;
usingSystem.Data.SqlClient;

public partial class Login : System.Web.UI.Page
{
    StudentStudentLogin(string no, string name, string cardId, out string msg)
    {
        Student model = null;
        msg = string.Empty;
        stringsql = @"select STU_ID, STU_NO, STU_NAME, STU_IDCARD, STU_TIME_ID
                      from TB_EXAM_STUDENT
                      where STU_NO = @STU_NO";
        SqlDataReader dr = SqlHelper.ExecuteReader(sql, new SqlParameter("@STU_NO", no));
        if (dr.Read())
        {
            if (dr.GetString(2) != name)
            {
                msg = "姓名错误";
            }
            else
            {
                if (dr.GetString(3) != cardId)
                {
```

```csharp
                    msg = "身份证号码错误";
                }
                else
                {
                    if (dr[4] == DBNull.Value)
                    {
                        msg = "目前没有你可以参加的考次";
                    }
                    else
                    {
                        model = new Student();
                        model.Id = dr.GetInt64(0);
                        model.No = dr.GetString(1);
                        model.Name = dr.GetString(2);
                        model.CardId = dr.GetString(3);
                        model.TimeId = dr.GetInt64(4);
                    }
                }
            }
            else
            {
                msg = "没有这个准考证号码";
            }
            dr.Close();
            return model;
        }

        protected void Page_Load(object sender, EventArgs e)
        {

        }

        protected void ButtonLogin_Click(object sender, EventArgs e)
        {
            string msg;
            Student currentStudent = this.StudentLogin(
                this.TextBoxStudent_NO.Text,
                this.TextBoxStudent_Name.Text,
                this.TextBoxStudent_CardID.Text,
                out msg
                );
            if (currentStudent == null)
```

```csharp
            }
            this.LabelResult.Text = msg;
        }
        else
        {
            this.LabelResult.Text = "登录成功!";
            this.Session.Add("CURRENTSTUDENT", currentStudent);
            //为自己印刷试卷
            CreateMyPaper(currentStudent);
        }
    }

    void CreateMyPaper(Student stu)
    {
        //创建我的试卷
        string sql;
        sql = "select STU_STATE from TB_EXAM_STUDENT where STU_NO = @STU_NO";
        SqlDataReader dr = SqlHelper.ExecuteReader(sql, new SqlParameter("@STU_NO", stu.No));
        if (dr.Read())
        {
            if (dr.GetString(0) == "KSKSZT-02")
            {
                this.LabelNav.Text = "您已经开始了本次考试,不得重新开始.";
                dr.Close();
                return;
            }
            if (dr.GetString(0) == "KSKSZT-03")
            {
                this.LabelNav.Text = "您已经结束了本次考试,不得重新开始.";
                dr.Close();
                return;
            }
        }
        dr.Close();
        sql = @"declare @temp table(seqid int identity(1,1), quesid bigint);
                insert into @temp select QUES_ID from TB_EXAM_QUESTIONS where QUES_ID in
                    (select PQUES_QUES_ID from TB_QUESTIONS where PQUES_PAPER_ID =
                        (select PAPER_ID from TB_EXAM_PAPER where PAPER_TIME_NO =
                            (select TIME_NO from TB_EXAM_TIME where TIME_ID = @TIME_ID)))
                    order by newid();
                Insert into TB_EXAMINEE_PHASE (PHASE_STU_NO, PHASE_SEQ_ID, PHASE_QUES_ID, PHASE_ANS)
                    select @PHASE_STU_NO, seqid, quesid, ''
```

```
                    from @ temp ";
        SqlHelper.ExecuteSql( sql ,
                newSqlParameter( "@TIME_ID" , stu.TimeId) ,
                newSqlParameter( "@PHASE_STU_NO" , stu.No)
            );
        //此考生的状态切换成[正在考试]
sql = "update TB_EXAM_STUDENT  set STU_STATE = ' KSKSZT – 02 ' where STU_NO = @STU_NO";
SqlHelper.ExecuteSql( sql ,
                newSqlParameter( "@STU_NO" , stu.No)
            );
this.LabelNav.Text = < a href = \" javascript: window.open(' PhaseExam/PhaseExam.aspx ', '', ' fullscreen =
    yes '); opener = null; window.close(); \" >开始考试</a>。";
        }
    }
```

2) 教师监考模块

教师监考模块是教师维持考场纪律的操作界面，该模块的权限只对巡考、监考的教师授予。如果考生在考试过程中出现违反考试纪律的情况，监考教师有权使用自己的登录信息进入系统，对该考生进行警告（两次警告将中止考试）、中止考试等操作，并将执行记录备案到系统的监考事务日志文件中。由于涉及数据的及时操作，故该操作的设计原则是：只有处于在线状态，拥有监考教师权限的用户才能使用该功能，监考教师所做的任何操作将及时更新服务器端数据库。

3) 考试试卷缓存更新模块

根据系统的实际业务需求，将服务器系统组织的阶段考试试卷缓存到本地，使考生能够在离线的状态下可以继续进行作答，其解决方案是使用 ADO.Net 数据库访问技术。当网络处于连接状态时，客户端将服务器端组好的试卷下载到本地，依据系统规定的固定格式写入到客户端的 XML 文件中。当网络处于脱机状态时，考生依然可以继续正常考试。本地缓存的数据（下载试卷）可以视为一个小型的本地数据库，在离线状态下进行查询和修改等数据操作。当考生提交答卷时，系统再次处于联机状态，客户端系统将用户修改的数据（考完的试卷）通过 Web 服务提交到数据库进行合并更新。

该模块是系统客户端阶段考试部分最为核心的功能，其实现如下：

在考生获取考试试卷以及监考教师安排到位后，考生将对获取的考试试卷进行作答。考生对自己所掌握的知识进行选择或者填写，在答题完成后进行页面提交。该部分代码分为 Web 前端与 ASP.Net 服务器端代码。

(1) 阶段考试 Web 前端代码：

```
<%@ Page Language = " C#" EnableEventValidation = " false" AutoEventWireup = " true" CodeFile = "
PhaseExam.aspx.cs" Inherits = "PhaseExam" %>
<%@ RegisterSrc = " Duoxuan.ascx" TagName = " Duoxuan" TagPrefix = " uc2" %>
<%@ RegisterSrc = " Other.ascx" TagName = " Other" TagPrefix = " uc3" %>
<%@ RegisterSrc = " Danxuan.ascx" TagName = " Danxuan" TagPrefix = " uc1" %>
```

```html
<!DOCTYPE html PUBLIC "-//W3C//DTD XHTML 1.0 Transitional//EN" "http://www.w3.org/TR/xhtml1/DTD/xhtml1-transitional.dtd">
<htmlxmlns="http://www.w3.org/1999/xhtml">
<head id="Head1" runat="server">
    <title>中软国际ICSS-ETC在线考试系统_阶段考试</title>
    <link type="text/css" rel="stylesheet" href="../css/Base.css" />
    <link type="text/css" rel="stylesheet" href="../css/Common.css" />
    <style type="text/css">
    h1{font-size:16px;color:green;}
    </style>
    <script type="text/javascript" language="javascript" src="../js/Base.js"></script>
</head>
<bodyonload="setPosition();" onscroll="movePosition();" onkeydown="KeyDown();">
    <form id="form1" runat="server">
    <!--试题列表 开始-->
    <div id="divQuestionList">
        <table border="0" width="100%" onmouseover="move(0,130);" onmouseout="move(-155,130);">
            <tr valign="top">
                <td>
                    <div id="divQuestionNo">
                        <p>我的试题列表</p>
                        <asp:DataList ID="DataList1" runat="server" RepeatColumns="1" RepeatDirection="Horizontal">
                            <ItemTemplate>
                                <asp:HyperLink ID="HyperLinkSeqId" runat="server" NavigateUrl='<%# Eval("SeqId","PhaseExam.aspx?seqid={0}") %>'>
                                    <asp:Label ID="Label1" runat="server" Text='<%# Eval("SeqId") %>'></asp:Label>、
                                    <asp:Label ID="LabelAnswerState" runat="server" Text='<%# Eval("State") %>'></asp:Label>
                                </asp:HyperLink>
                            </ItemTemplate>
                        </asp:DataList>
                        <hr />
                        已经作答:<asp:Label ID="LabelEd" runat="server"></asp:Label><br />
                        没有作答:<asp:Label ID="LabelUn" runat="server"></asp:Label><br />
                        <!--暂时置疑:--><asp:Label ID="LabelTag" runat="server" Visible="false"></asp:Label>
                    </div>
                </td>
                <td style="width:20px">
                    <img src="../images/stlist.gif" alt="试题列表" />
```

```
            </td>
          </tr>
        </table>
      </div>
      <!--试题列表 结束-->
      <!--开考和交卷 开始-->
      <div id="divPostPaper">
            <asp:Button CssClass="btn" ID="ButtonStart" runat="server" Text="开始考试" OnClick="ButtonStart_Click" Visible="False" />
            <asp:Button CssClass="btn" ID="ButtonEnd" runat="server" Text="现在交卷" OnClick="ButtonEnd_Click" />
      </div>
      <!--开考和交卷 结束-->
      <!--试题 开始-->
      <table id="tb" border="0" align="center" width="90%">
      <tr>
      <td>
      <table style="height:100px;" border="0" width="100%">
      <tr>
      <td style="background-image:url('../images/top.jpg');">
       
      </td>
      <td valign="top" style="width:170px">
      <div id="timer">
      <h1>剩余时间</h1>
                  <div id="divEndTimer"></div>
                  <script type="text/javascript" language="javascript">
                  //设定总的时间,单位为分钟;
var time_all = <%=timeAll%>;
time_all = time_all*60;
var timer;
                        functionshowTimer()
                        {
var mm,ss;
                              mm = parseInt(time_all/60);
ss = time_all%60;
                              if(mm<10)
                              {
                                    mm = '0'+mm;
                              }
                              if(ss<10)
                              {
ss = '0'+ss;
```

```
                                    }
            str =   mm + '分' + ss + '秒';
            document.getElementById("divEndTimer").innerHTML = str;
            time_all = time_all - 1;
                                    if(time_all = =0)
                                    {
            window.clearTimeout(timer);
            window.alert("时间到了,马上交卷!");
            document.getElementById("ButtonEnd").click();
                                    }
                                    timer = window.setTimeout("showTimer()", 1000);
                                    }
            showTimer();

                                    </script>
        </div>
    </td>
    <td valign = "top" width = "200px">
        <div id = "student">
                                <h1>考生信息</h1>
准考证号: <asp: Label ID = "LabelStudentNo" runat = "server"></asp: Label><br/>
姓名: <asp: Label ID = "LabelStudentName" runat = "server"></asp: Label><br/>
身份证号: <asp: Label ID = "LabelStudentCardID" runat = "server"></asp: Label>
        </div>
    </td>
    </tr>
    </table>
    </td>
    </tr>
    <tr>
    <td><h1>
第 <asp: Label ID = "LabelQuestionSeqId" runat = "server"></asp: Label>题</h1>
    </td>
    </tr>
    <tr>
        <td style = "height: 34px">
                <asp: Label ID = "LabelQuestionTitle" runat = "server"></asp: Label>
                </td>
    </tr>
    <tr>
        <td style = "height: 18px">
                <h3>请输入或选择答案</h3>
```

```
                <asp:Panel ID="PanelAnswer" runat="server"></asp:Panel>
                <hr />
            </td>
        </tr>
        <tr>
            <td id="tdNav" style="height:65px">
                <asp:CheckBox ID="CheckBoxTag" runat="server" Text="此题答案暂时置疑" Visible="False" />
                <p align="center">
                    <asp:Button CssClass="btn" ID="ButtonPreview" runat="server" Text="保存答案并切换到上一题" OnClick="ButtonPreview_Click" />
                    <asp:Button CssClass="btn" ID="ButtonNext" runat="server" Text="保存答案并切换到下一题" OnClick="ButtonNext_Click" />
                </p>
            </td>
        </tr>
    </table>
    <!--试题 结束-->
    </form>
</body>
</html>
```

(2) 阶段考试服务器端代码：

```
using System;
usingSystem.Data;
usingSystem.Configuration;
usingSystem.Collections;
usingSystem.Web;
usingSystem.Web.Security;
usingSystem.Web.UI;
usingSystem.Web.UI.WebControls;
usingSystem.Web.UI.WebControls.WebParts;
usingSystem.Web.UI.HtmlControls;
usingSystem.Text;


usingSystem.Data.SqlClient;
usingSystem.Collections.Generic;

public partial classPhaseExam : System.Web.UI.Page
{
    Daodao = new Dao();
```

```csharp
publicint seqId = 1;  //当前试题顺序号默认为第1题
publicint un = 0;  //已经作答题数
publicint ed = 0;  //没有作答题数
publicint tag = 0;  //暂时置疑题数
protectedint timeAll = 100;
StudentcurrentStudent;
List < Question > allQuestions;
List < Answer > allMyAnswers;
QuestioncurrentQuestion = null;
AnswercurrentAnswer = null;

protected voidPage_Load(object sender, EventArgs e)
{
currentStudent = HttpContext.Current.Session["CURRENTSTUDENT"] as Student;
allQuestions = HttpContext.Current.Cache[this.currentStudent.TimeId.ToString() + "ALLQUESTIONS"] as List < Question >;
allMyAnswers = HttpContext.Current.Session["ALLMYANSWERS"] as List < Answer >;

    //如果是未登录的考生
    if(currentStudent = = null)
    {
        //重定向到登录页
Response.Redirect("../Login.aspx");
    }

timeAll = dao.GetTimeAll(this.currentStudent.TimeId);  //假定考试剩余时间还有15分钟
    //从数据库中获取考试剩余时间
    //如果是此考次的第一个考生进入考场,则

    if(allQuestions = = null || allQuestions.Count = = 0)
    {
        //获取此考次的试题列表,存储到缓存 List < Question >
allQuestions = dao.GetExamTimePaper(this.currentStudent.TimeId);
    }
    if(allQuestions.Count = = 0)
    {
Response.Write("没有本考次的考卷");
Response.End();
    }
    //获取我的试题序列及答案状态列表
    if(allMyAnswers = = null)
    {
allMyAnswers = dao.GetQuestionsAndAnswersList(currentStudent);
```

```csharp
            if (allMyAnswers.Count == 0)
            {
                Response.Write("本考次没有为我印刷考卷");
                Response.End();
            }
            //如果考生不是请求第1题,则
            if (!string.IsNullOrEmpty(Request.QueryString["seqid"]))
            {
                //获得考生请求的试题顺序号
                seqId = int.Parse(Request.QueryString["seqid"]);
            }

            //控制上一题下一题按钮的可见性
            if (seqId == 1)
            {
                this.ButtonPreview.Visible = false;
            }

            if(seqId == this.allQuestions.Count)
            {
                this.ButtonNext.Visible = false;
            }


            //得到当前试题
            foreach (Question question in this.allQuestions)
            {
                if (question.Id == this.allMyAnswers[this.seqId - 1].QuesId)
                {
                    this.currentQuestion = question;
                    break;
                }
            }

            //得到当前题目的答案
            foreach(Answer answer in this.allMyAnswers)
            {
                if(answer.SeqId == this.seqId)
                {
                    this.currentAnswer = answer;
                    break;
                }
            }
```

```csharp
           //显示试题顺序号列表
           this.DataList1.DataSource = this.allMyAnswers;
           this.DataList1.DataBind();
           //显示剩余时间
           //显示考生信息
this.LabelStudentNo.Text = this.currentStudent.No;
this.LabelStudentName.Text = this.currentStudent.Name;
this.LabelStudentCardID.Text = this.currentStudent.CardId;
           //显示试题题干
this.LabelQuestionTitle.Text = this.currentQuestion.Title;
           //显示试题选项
           //根据题型加载用户控件，应使用配置文件加工厂模式动态加载
           switch(this.currentQuestion.Type)
           {
               case "ZTLX-01":
PhaseExam_Danxuan ucDanxuan = this.LoadControl("Danxuan.ascx") as PhaseExam_Danxuan;
ucDanxuan.ID = "uc";
ucDanxuan.AllOptions = this.currentQuestion.Options;
ucDanxuan.CurrentAnswer = this.currentAnswer;
this.PanelAnswer.Controls.Add(ucDanxuan);
                   break;
               case "ZTLX-02":
PhaseExam_Duoxuan ucDuoxuan = this.LoadControl("Duoxuan.ascx") as PhaseExam_Duoxuan;
ucDuoxuan.ID = "uc";
ucDuoxuan.AllOptions = this.currentQuestion.Options;
ucDuoxuan.CurrentAnswer = this.currentAnswer;
this.PanelAnswer.Controls.Add(ucDuoxuan);
                   break;
               default:
PhaseExam_Other ucOther = this.LoadControl("Other.ascx") as PhaseExam_Other;
ucOther.ID = "uc";
this.PanelAnswer.Controls.Add(ucOther);
                   break;
           
           }
           
           //恢复置疑状态
this.CheckBoxTag.Checked = this.currentAnswer.State == "暂时置疑" ? true : false;

foreach (Answer answer in this.allMyAnswers)
           {
               switch(answer.State)
               {
```

```csharp
                        case "没有作答":
this.un += 1;
                            break;
                        case "已经作答":
this.ed += 1;
                            break;
                        case "暂时置疑":
this.tag += 1;
                            break;
                    }
                }
                //显示试题顺序号及试题状态统计
this.LabelQuestionSeqId.Text = this.seqId.ToString();
this.LabelUn.Text = this.un.ToString();
this.LabelEd.Text = this.ed.ToString();
this.LabelTag.Text = this.tag.ToString();
            }
        protected void ButtonPreview_Click(object sender, EventArgs e)
        {
            //保存当前题目的答案
this.SaveAnswer();
            //重定向到上一题
Response.Redirect("PhaseExam.aspx?seqid=" + (seqId - 1).ToString());
        }
        protected void ButtonNext_Click(object sender, EventArgs e)
        {
            //保存当前题目的答案
this.SaveAnswer();
            //重定向到下一题
Response.Redirect("PhaseExam.aspx?seqid=" + (seqId + 1).ToString());
        }

        /// <summary>
        ///保存当前题目的答案
        /// </summary>
        void SaveAnswer()
        {
this.currentAnswer = null;


            Control ctl = this.PanelAnswer.FindControl("uc");
            switch (this.currentQuestion.Type)
            {
```

```csharp
                    case "ZTLX - 01":
    PhaseExam_Danxuan ucDanxuan = ctl as PhaseExam_Danxuan;
    this.currentAnswer = ucDanxuan.CurrentAnswer;
                        break;
                    case "ZTLX - 02":
    PhaseExam_Duoxuan ucDuoxuan = ctl as PhaseExam_Duoxuan;
    this.currentAnswer = ucDuoxuan.CurrentAnswer;
                        break;
                    default:
    PhaseExam_Other ucOther = ctl as PhaseExam_Other;
                        //this.currentAnswer = ucOther.CurrentAnswer;
                        break;
                }

    this.currentAnswer.QuesId = this.currentQuestion.Id;
    this.currentAnswer.SeqId = this.seqId;
    this.currentAnswer.StuNo = this.currentStudent.No;
    this.currentAnswer.State = (this.CheckBoxTag.Checked) ? "暂时置疑" : "已经作答";

            //在会话状态中保存当前试题的答案
    this.allMyAnswers[this.seqId - 1] = this.currentAnswer;
    HttpContext.Current.Session["ALLMYANSWERS"] = this.allMyAnswers;
            //在数据库中保存当前试题的答案
            /*
            string sql;
    sql = "select PHASE_ID from TB_EXAMINEE_PHASE where PHASE_STU_NO = @PHASE_STU_NO and PHASE_QUES_ID = @PHASE_QUES_ID";
    SqlDataReader dr = SqlHelper.ExecuteReader(sql,
                    new SqlParameter("@PHASE_STU_NO", this.currentAnswer.StuNo),
                    new SqlParameter("@PHASE_QUES_ID", this.currentAnswer.QuesId)
                );
            if (dr.Read())
            {
    sql = "update TB_EXAMINEE_PHASE set PHASE_ANS = @PHASE_ANS where PHASE_ID = @PHASE_ID";
    SqlHelper.ExecuteSql(sql,
                    new SqlParameter("@PHASE_ANS", this.currentAnswer.Content),
                    new SqlParameter("@PHASE_ID", dr.GetInt64(0))
                );

            }
            else
```

```csharp
            }
            sql = @"insert into TB_EXAMINEE_PHASE
                        (PHASE_STU_NO, PHASE_SEQ_ID, PHASE_QUES_ID, PHASE_ANS)
                        values (@PHASE_STU_NO, @PHASE_SEQ_ID, @PHASE_QUES_ID, @PHASE_ANS)";
            SqlHelper.ExecuteSql(sql,
                        new SqlParameter("@PHASE_STU_NO", this.currentAnswer.StuNo),
                        new SqlParameter("@PHASE_SEQ_ID", this.currentAnswer.SeqId),
                        new SqlParameter("@PHASE_QUES_ID", this.currentAnswer.QuesId),
                        new SqlParameter("@PHASE_ANS", this.currentAnswer.Content)
                );

        }
        dr.Close();
            */
        }

        /// <summary>
        ///保存我的所有答案
        /// </summary>
        /// <param name="sender"></param>
        /// <param name="e"></param>
        protected void ButtonEnd_Click(object sender, EventArgs e)
        {
            StringBuilder sb = new StringBuilder();
            string sql;
            sql = @"update TB_EXAMINEE_PHASE set PHASE_ANS = '{0}' where PHASE_STU_NO = '{1}' and PHASE_QUES_ID = {2}; ";
            foreach (Answer answer in this.allMyAnswers)
            {
                sb.AppendFormat(sql, answer.Content, answer.StuNo, answer.QuesId);
            }
            SqlHelper.ExecuteSql(sb.ToString());
            //考生状态切换成[考试完成]
            sql = "update TB_EXAM_STUDENT set STU_STATE = 'KSKSZT-03' where STU_NO = @STU_NO";
            SqlHelper.ExecuteSql(sql,
                        new SqlParameter("@STU_NO", this.currentStudent.No)
                );
            //删除会话状态中的答案列表
            this.Session.Remove("ALLMYANSWERS");
            Response.Redirect("Result.aspx");
        }
    }
```

(3)数据处理改进策略。

在实施阶段考试过程中,缓存试卷会出现试卷重复、试卷更新等现象,而这些现象是 ICSS - ETC 客户端应用程序最难处理的部分,需要采用数据处理技术,主要包括客户端数据的缓存、数据同步、数据冲突的检测和处理等方面。

①客户端数据的缓存。

为确保系统在脱机时能够提供给用户继续工作所需要的数据,系统必须在客户端缓存数据。本系统采用内存驻留型缓存和磁盘驻留型缓存相结合的方式在客户端缓存数据。

为了缓存客户端的数据,本系统将采用 ADO.Net 中的数据集(DataSet)来实现。DataSet 的结构和关系数据库类似,它表示一个或多个关系数据库表的对象。数据集的组成结构如图 3-36 所示。

ADO.Net 数据集是以 Xml(扩展标记语言)的形式来表示数据视图的。在 .Net Framework 中,Xml 是存储和传输各种数据时所用的格式。因此,数据集与 Xml 有着密切的关系。

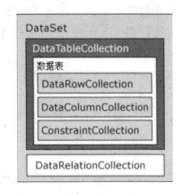

图 3-36 数据集(DataSet)的组成结构

a. 数据集的结构——其表、列、关系和约束均可在 Xml 架构中定义。Xml 架构是 W3C 的基于标准的格式,用于定义 Xml 数据的结构。数据集可以使用 ReadXmlSchema( ) 和 WriteXmlSchema( ) 方法读写存储结构化信息的架构。如果无架构可用,数据集可以从通过关系方法结构化的 Xml 文档中的数据推导 [通过其 InferXmlSchema( ) 方法] 出一个。

b. 可以生成一个数据集类,在此类中并入架构信息以将其数据结构(如表和列)定义为类成员。

c. 可以使用数据集的 ReadXml( ) 方法将 Xml 文档或流读入数据集,使用数据集的 WriteXml( ) 方法将数据集以 Xml 格式输出。因为 Xml 是不同应用程序之间的标准数据交换格式,这意味着可以加载其他应用程序发送的包含 Xml 格式信息的数据集。同样,数据集可输出为 Xml 流或文档,方便与其他应用程序共享。

可以创建数据集内容的 Xml 视图(XmlDataDocument 对象),然后用关系方法(通过数据集)或 Xml 方法查看和操作数据。这两种视图在更改时自动同步。

DataSet 可以在断开连接的缓存中存储数据。当我们修改 DataSet 中的记录时,DataRow 会保留其当前版本和原始版本,以便标识对其中存储的值所做的更改。DataRow 数据行可以通过 RowState(数据行的当前状态)属性进行版本控制。DataSet 数据行当前状态值见表 3-23。

表 3-23 DataSet 数据行当前状态值

DataRowState 值	说明
Added	该行已作为一项添加到 DataRowCollection(处于这种状态的行没有响应的初始版本)
Deleted	已使用 DataRow 对象 DataRow.Deleted 方法删除该行
Modified	该行中的列值已通过某种方式更改
Unchanged	自上次调用 AcceptChanged 之后,该行未更改
Added	该行已作为一项添加到 DataRowCollection(处于这种状态的行没有响应的初始版本)

②数据同步。

根据客户端与服务器端数据交互的时间不同，可以把智能客户端的同步方式分为两大类：即时同步与定时同步。

a. 即时同步：客户端与服务器端的数据交互是实时的，即客户端对数据进行的操作会即时发送给服务器，服务器修改的数据也会即时地响应给客户端。

b. 定时同步：使用定时器控件设置响应周期，使客户端与服务器端的数据交互按照周期进行。

由于阶段考试的实际业务需求，在线考试网络承载压力大，可采用定时同步的方式。

在定时器 Timer 控件的定期触发事件（Tick）中，可以通过调用数据发送/接收函数[ExchangeData()]来同步数据。

以上分析的实现代码如下所示：

使用定时器（Timer）控件完成定时数据同步的源代码：

```csharp
private void timer_Tick(object sender, EventArgs e)
{
    //网络可用，则调用 ExchangeData()方法
    if(! UserSettings.Instance.WorkOffline&&_isOnline)
    {
        ExchangeData(SyncThread.BackgroundThread);
    }
}
//ExchangeData()方法的定义
private void ExchangeData(SyncThread behavior)
{
    if(behavior == SyncThread.BackgroundThread)
    //如果 bgw 线程组件没有结束，则不再次调用
    if(! bgw.IsBusy)
    {
        bgw.RunWorkerAsync(_lastModified);
    }
    else
    {
        //开始进行数据同步操作
        SynchronizationStarted(this, EventArgs.Empty);
        ExamSysDataSet esDs = SyncExamSysData(_lastModified);
        MergeNewExamSysData(esDs);
        //数据同步结束
        SynchronizationFinished(this, EventArgs.Empty);
    }
}

private void backgroundWorker_DoWork(object sender, DoWorkEventArgs e)
{
```

```
    //开始数据同步操作
    SynchroizationStarted(this, EventArgs.Empty);
DateTime lastIn = (DateTime)e.Argument;
    e.Result = SyncExamSysData(lastIn);
}

private void backgroundWorker_RunWorkerCompleted(object sender,
RunWorkerCompletedEventArgs e)
{
if (e.Error! = null)
{
    ……
}
else if (e.Cancelled)
{
    ……
}
else
{
ExamSysDataSet esDs = (ExamSysDataSet)e.Result;
_shellForm.Invoke(new DataChanged(this.MergeNewExamSysData), new object[]{esDs});
    //结束数据同步操作
    SynchronizationFinished(this, EventArgs.Empty);
    }
   }
 }
```

本系统处理客户端与服务器端数据同步时使用数据集(DataSet)作为载体。但是，数据集是结构上类似于数据库的组件，在 DataTable 中包含了大量的数据，如果使用稀缺的网络资源来传递这些数据，将大大降低 ICSS – ETC 在线考试系统的性能。在 ADO.Net 中，只需向服务器传输使用 DateSet 的 GetChanges() 方法修改过的数据，从而提升系统性能。

在 ICSS – ETC 在线考试系统中，当客户端没有连接到服务器时，客户端只能处于离线工作状态，操作本地缓存的数据，这段时间的所有操作工作、数据的修改都将保存在本地数据集中。当客户端与服务器端的网络处于连通状态时，客户端马上进入在线工作，通过与服务器进行数据的同步，将已经改变的本地缓存数据提交到服务器端，并同时从服务器端获取新的数据。对于服务器来说，它需要知道服务器数据库中哪些数据对于客户端来说是新的数据，因此，我们采用隔一定时间间隔来进行判断。在客户端与服务器进行同步操作时，客户端将本地数据修改和上一次数据同步时间一并传送到服务器端，服务器端根据该客户端上一次数据同步时间，来判断服务器数据库中哪些数据是新的数据。

在进行数据同步和更新的过程中，客户端和服务器的数据同步和更新过程大致分为以下三个步骤：

Step1：客户端对本地数据进行更改后，本地数据集（DataSet）通过调用GetChange（）方法获得已更改的数据，然后把已更改数据和最后同步时间作为参数通过 Web 服务提交给服务器。

Step2：服务器将客户端传来的已更改数据合并到数据库，同时，服务器根据客户端的最后同步时间，在服务器上查找在该时间之后数据库中已经更新了的数据，并将这些数据传回客户端。

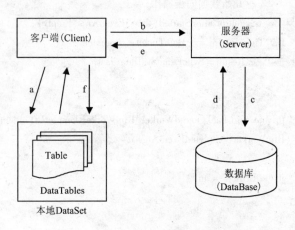

图 3 – 37　ExamSys 系统的数据同步

a：调用 GetChanges（）方法获得更改数据；b：修改数据提交服务器；c：修改数据合并到数据；d：获取服务器数据修改服务器DataSet；e：服务器上修改的数据回馈客户端；f：客户端合并数据

Step3：客户端获得服务器传回的更新数据后，将这些数据合并到客户端的本地数据集中，同时更新最后同步时间。

图 3 – 37 所示描述了数据同步的以上三个步骤。

③数据冲突的检测和处理。

数据冲突的主要表现形式是：客户端准备更新或删除服务器数据库中的数据时，而这些数据已经被该系统的其他客户端进行了修改，或者是这些数据已经被删除了。因此，我们需要采用某种机制或者策略来确保数据冲突能够得到适当的处理，保证最后得到的数据是一致的和正确的。在 . Net 平台下，主要是通过使用数据集（DataSet）和数据适配器（DataAdapter）来处理这个问题。

DataAdapter 是与数据集（DataSet）一起使用的对象，它包括填充数据集和更新数据源的一组数据命令。DataAdapter 用于管理与数据库的连接，执行命令，并向数据集返回数据。

当 DataAdapter 调用 Update（）方法修改数据时，会触发 RowUpdated 事件，通过对事件源参数 e 的状态属性值（Status）进行检查，可以检测到是否发生了数据冲突，并对冲突的数据采取相应的处理。

在 ICSS – ETC 在线考试系统中，数据冲突处理的步骤如下：

Step1：在客户端对本地的数据进行更改后，本地数据集将调用 GetChanges（）方法来获得已经更改的数据（包括参加考试的考生信息和考生填写的试卷答案），然后将已经修改好的数据和最后的同步时间通过 Web 服务提交给服务器。

Step2：服务器接收到从客户端发送的修改数据后，调用 DataAdapter 的 Update（）方法进行更新，如果发生数据冲突，那么就触发 RowUpdated 事件，并检测该事件中的事件源参数 e 的 Status 属性，此时该属性的属性值为 ErrorsOccurred。接下来，对事件处理函数中的冲突数据进行处理。首先，将发生数据冲突的服务器端的考生信息记录添加到返回给客户端数据集的数据表（dtStuInfo）中。然后，将发生数据冲突的客户端的考生信息记录添加到返回给客户端数据集的数据表（dtStuInfoConflicts）中，同时将客户端的考生考试答案记录添加到数据表（dtStuExamConflicts）中。并将 e. Status 设置为 UpdateStatus. Continue，继续更新数据，直到所有的数据更新完毕，再将数据集回馈到客户端。

Step3：当服务器发送数据集到客户端后，客户端检查数据集中的 dtStuInfoConflicts 数据表和 dtStuExamConflicts 数据表中有无冲突数据，如有冲突，我们将从 Step 2 中的 3 张数据表（DataTable）中分别取出发生冲突的服务器端和客户端的数据呈现给用户，让用户自行选择保留哪端的数据。再根据用户的选择进行相应的数据冲突处理。

Step4：如果用户选择的是服务器端数据，那么将删除客户端的冲突数据（将 dtStuInfoConflicts 数据表和 dtStuExamConflicts 数据表中的数据删除），并将 dtStuInfo 数据表中的数据合并到客户端数据集中。如果选择保留的是客户端数据，则删除服务器端的冲突数据（将 dtStuInfo 数据表中数据删除），并将 dtStuInfoConflicts 数据表中的数据复制到 dtStuInfo 数据表中，dtStuExamConflicts 表中的数据复制到 dtStuExam 表中，然后删除 dtStuInfoConflicts 数据表和 dtStuExamConflicts 数据表中的数据，将 dtStuInfo 表和 dtStuExam 表中数据合并到客户端数据集，等待下次的数据同步，将客户端的数据重新同步到服务器上。

数据冲突检测程序片段使用代码如下所示。

数据冲突的检测源代码：

```
private SqlDataAdapter da;
//定义一个名为 da 的 SqlDataAdapter 对象
DataSet ds;
//定义一个名为 ds 的 DataSet 对象

private void Form1_Load(object sender, EventArgs e)
{
    da.RowUpdated + = new SqlRowUpdatedEventHandler(da_RowUpdated);
    //数据适配器的行更新事件
    if (ds! = null)
    {
        da.Update(ds);
    }
}


void da_RowUpdated(object sender, SqlRowUpdatedEventArgs e)
{
    //throw new Exception("The method or operation is not implemented.");
    //更新出错，标识冲突发生
    if (e.Status = = UpdateStatus.ErrorsOccurred)
    {
        //在冲突列表中添加冲突记录
        dtStuInfoConflicts.Rows.Add(e.Row.ItemArray);
        //继续更新
        e.Status = UpdateStatus.Continue;
    }
}
```

数据冲突处理程序片段使用代码如下所示。

数据冲突的处理源代码：
```csharp
//保存服务器数据
private void btnSaveServer_Click(object sender, EventArgs e)
{
    ConflictItem cf =
(ConflictItem)dtStuExam.ConflictItems[dtStuExam.CurrentItem["PAPER_ID"]];
    dtStuExam.ManageConflict(cf, false);
}
//保存客户端数据
private void btnSaveClient_Click(object sender, EventArgs e)
{
ConflictItem cf =
(ConflictItem)dtStuExam.ConflictItems[dtStuExam.CurrentItem["PAPER_ID"]];
    dtStuExam.ManageConflict(cf, true);
}
//数据冲突的处理
public void ManageConflict(ConflictItem cf, bool saveClient)
{
    if(saveClient)
    {
        cf.ServerVersion["AssignedTo"] = cf.ClientVersion["AssignedTo"];
        cf.ServerVersion["PAPER_ID"] = cf.ClientVersion["PAPER_ID"];
    }
}
```

2. ICSS－ETC 系统服务器端功能模块设计思路与部分源码

ICSS－ETC 系统需要服务器端的一系列的 Web 服务提供支持。该系统中的 Web 服务主要包括两大部分：Data Web Services 和身份验证 Web Services。当然，Web 服务也是通过 ADO.Net 来进行数据访问的，它的主要功能是为智能客户端提供数据访问的相关服务和系统安全性的服务。

如果在网络上传递 DataSet 中的大量数据，将极大地降低系统的性能。因此，我们将使用 DataSet 中 GetChanges() 方法返回与原 DataSet 对象具有相同结构的新 DataSet，并且还包含原 DataSet 中所有挂起更改的行。将这些数据打包到数据传输对象（DTO）中，该数据随后被合并到新的 DataSet 中。使用 DTO 可以对 Web Services 进行单个而不是多个的调用。图 3－38 和图 3－39 分别展示客户端向服务器端发送数据和服务器更新数据的过程。

图 3－39 表示使用数据集（DataSet）中的 GetChanges() 方法获取客户端修改数据，然后提交到 Web 服务的 DTO 中，通过 Web 服务将数据的修改合并到数据库中，并将服务器的修改数据打包到 DTO 回馈给客户端并与本地数据集合并的过程。

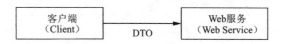

图 3-38　客户端向服务器端的 Web 服务发送数据

图 3-39　使用数据集(DataSet)合并客户端数据

3. ICSS-ETC 在线考试系统服务器端 Web Services 的设计

在设计 ICSS-ETC 在线考试系统时,我们使用 Web Services 作为数据访问的中间层,专门负责身份验证和数据处理,通过 Web Services 与后台的 Data Server 进行交互,进行数据查询与身份验证等。从外部使用者的角度来说,Web Services 是一种部署在 Web 上的对象和组件,具备以下优点:

①完好的封装性。
②松散耦合。
③使用协议的规范性。
④高度可集成能力。

Web Services 是.Net Framework 的重要组成部分,.Net 从体系结构到开发工具都对 Web Services 提供支持。例如:当使用 VS.Net 引用 Web 服务的时候,将自动产生服务网关,不需要开发人员明确编码。Web Services 本身也可以看成是一组可以远程调用的函数,通过 Web Services 描述语言来访问 Web Services 信息。

系统中的 Web Services 根据其功能可以分为两大类:用于身份验证的 Web 服务和数据 Web 服务,智能客户端通过 Internet 远程进行调用。首先进行用户身份的验证,先取得用户身份验证票,通过用户身份验证票取得用户信息,验证成功后才提供相应权限的服务。

4. ICSS-ETC 在线考试系统服务器端的安全性处理

本系统服务器端的安全性处理主要包括三个方面:连接对象(connection)连接字符串的存储安全性、用户验证信息的存储安全性、数据访问的安全性。

1)连接对象连接字符串的存储安全性

在 Asp.Net 应用程序中,我们使用 web.config 文件存储对象的连接字符串,该文件是标准的 Xml 文件,可以用它为 web 应用程序或某个应用程序或一个目录下的 asp.Net 页面进行设置,当然,它也可以为一个单独的 web 页面进行设置。

在 web.config 文件中保存数据库连接配置信息,可以让用户无须重新编译应用程序即可更新应用程序的某些属性。当用户想把数据库迁移到另一个不同的服务器时,只需要修改 web.config 文件中的数据库连接配置信息,并不需要重新编译和重新部署这个应用程序以适应新的服务器的要求。在 ASP.Net 中,通过 Web.config,可以使用 <appSettings> 标记,在这个标记中,可用 <add.../> 标记定义 0 到多个设置。

数据库连接字符串存储配置的样式用代码表示如下。

数据库连接字符串存储配置文件源代码：
< appSettings >
< add key = " connStr" value = " server = . ; database = Exam; uid = sa; pwd = " / >
</appSettings >

显然，上面代码 value 中的数据库连接字符串如果以明文形式暴露给用户，会存在安全隐患，必须对这些配置文件中的敏感性明文进行加密处理，使能够浏览配置文件的用户不能看见这些信息。系统采用数据保护类（System. Security）中的 Encrypt 加密函数进行字符串加密，解密由解密函数 Decrypt 完成。加密后的数据库连接字符串，其存储配置的样式代码如下。

加密后的数据库连接字符串存储配置文件源代码：
< appSettings >
< add key = " connStr" value = " cgA + NiCclld8wBAFAdAEARAjAHAoAS – AEA/ACC + DsB6AyA + lN6hxXdh5ztr360v2J72NC6jPpaTWc _ xiAnAAQ2/AAPADCIEArAMAdiAnDUZgyAEA0q7A0AcASA + GAkiAdCBOZIW/s9NekbbbL09si76zvllJ + cxl0ZfsPfqhTDllhl9Aa7aLsR2dpolI1731UIllb8yEUGU3RGaoxS5ZacciRbEwh + kNhpr5IK4w6J3apPIpDBQ/AACRYWO/PAJAB4rd/si8EpwPV4dlgF = " / >
</appSettings >

2）用户验证信息的存储安全性

用户验证信息一般存储于数据库的用户信息表中，用户信息表中存放了用户登录的基本信息（如：用户名、密码等）。为了使用户的密码不以明文形式存放到数据库表中，我们需要对用户的密码进行加密处理进行保护。

加密算法的相关内容可以参照《计算机密码学》，建议大家采用 Hash 加密法。使用 Hash 加密法首先将创建并实例化一个对象；再把需要加密的字符串以字节数组的方式传递给对象的 ComputeHash 方法，并进行加密操作，返回加密文本。

3.3.5 ICSS – ETC 在线考试系统测试

1. 测试用例设计

测试用例就是一个文档，描述输入、动作、时间和一个期望的结果，其目的是确定应用程序的某个特性是否正常工作。

1）测试用例基本格式

软件测试用例的基本要素包括测试用例编号、测试标题、重要级别、测试输入、操作步骤和预期结果。

（1）用例编号。

测试用例的编号有一定的规则,比如系统测试用例的编号这样定义:PROJECT1 – ST – 001,命名规则是项目名称 + 测试阶段类型(系统测试阶段) + 编号。定义测试用例编号,便于查找测试用例,便于测试用例的跟踪。

(2)测试标题。

用于对测试用例的描述,测试用例标题应该清楚表达测试用例的用途,比如"测试用户登陆时输入错误密码时,软件的响应情况"。

(3)重要级别。

定义测试用例的优先级别,可以笼统地分为"高"和"低"两个级别。一般来说,如果软件需求的优先级为"高",那么针对该需求的测试用例优先级也为"高";反之亦然。

(4)输入限制。

提供测试执行中的各种输入条件。根据需求中的输入条件,确定测试用例的输入。测试用例的输入对软件需求当中的输入有很大的依赖性,如果软件需求中没有很好地定义需求的输入,那么测试用例设计中会遇到很大的障碍。

(5)操作步骤。

提供测试执行过程的步骤,对于复杂的测试用例,测试用例的输入分几个步骤完成,这部分内容将在操作步骤中详细列出。

(6)预期结果

提供测试执行的预期结果,预期结果应该根据软件需求中的输出得出。如果在实际测试过程中,得到的实际测试结果与预期结果不符,那么测试不通过;反之则测试通过。

2)ICSS – ETC 在线考试系统测试用例设计

ICSS – ETC 在线考试系统测试用例设计见表 3 – 24。

表 3 – 24 功能测试用例设计

用例编号	ICSS – ETC – EXAM – FT – 001	
测试标题	学生登录	
重要级别	高	
前提条件	跳转到登录界面	
输入/动作	期望的输出/相应	实际情况
输入正确的用户名:ETC001,密码:testpwd,点击"登录"按钮	跳转到学生个人主页	
不输入任何值,点击"登录"按钮	提示"用户名或密码不能为空",页面调转到登录页面	

2. 自动化测试

一般是指软件测试的自动化，软件测试就是在预设条件下运行系统或应用程序，评估运行结果，预先条件应包括正常条件和异常条件。

自动化测试是把以人为驱动的测试行为转化为机器执行的一种过程。通常，在设计了测试用例并通过评审之后，由测试人员根据测试用例中描述的规程一步步执行测试，得到实际结果与期望结果的比较。

1）自动化测试前提条件

实施自动化测试之前需要对软件开发过程进行分析，观察其是否适合使用自动化测试。通常需要同时满足以下三个条件。

（1）需求变动不频繁。

测试脚本的稳定性决定了自动化测试的维护成本。如果软件需求变动过于频繁，测试人员需要根据变动的需求来更新测试用例以及相关的测试脚本，而脚本的维护本身就是一个代码开发的过程，需要修改、调试，必要时还要修改自动化测试框架，如果所花费的成本不低于利用其节省的测试成本，那么自动化测试便是失败的。

（2）项目周期足够长。

自动化测试需求的确定、自动化测试框架的设计、测试脚本的编写与调试均需要相当长的时间来完成，这样过程本身就是一个测试软件的开发过程，需要较长的时间来完成。如果项目的周期比较短，没有足够的时间去支持这样一个过程，那么自动化测试不可能完成。

（3）自动化测试脚本可重复使用。

如果费劲心思开发一套近乎完美的自动化测试脚本，但脚本的重用率很低，致使时间所耗费的成本大于所创造的经济价值，自动化测试便成为了测试人员的练手之作，而并非是真正可产生效益的测试手段。

2）LoadRunner 测试

LoadRunner 是一种预测系统行为和性能的负载测试工具。通过模拟上千万用户实施并发负载及实时性能监测的方式来确认和查找问题，LoadRunner 能够对整个企业架构进行测试。通过使用 LoadRunner，企业能最大限度地缩短测试时间、优化性能和加速应用系统的发布周期。

LoadRunner 是一种适用于各种体系架构的自动负载测试工具，它能预测系统行为并优化系统性能。LoadRunner 的测试对象是整个企业的系统，它通过模拟实际用户的操作行为和实行实时性能监测，来帮助用户更快地查找和发现问题。此外，LoadRunner 能支持广泛的协议和技术，为用户的特殊环境提供特殊的解决方案。

使用 LoadRunner11 完成测试一般分为以下六个步骤：

（1）制订负载测试计划。

（2）Vitrual User Generator 创建脚本。

①创建脚本，选择协议。

②录制脚本。

③编辑脚本。

④检查修改脚本是否有误。

(3) 创建运行环境。
① 创建 Scenario，选择脚本。
② 设置机器虚拟用户数。
③ 设置 Schedule。
(4) 执行测试。
(5) 监视场景。
(6) 分析测试结果。
其过程如图 3-40 所示。

3. 案例分析

下面给出一个自动化测试案例，具体内容见表 3-25。

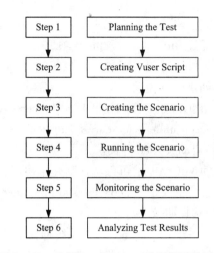

图 3-40 使用 LoadRunner 进行测试的过程

表 3-25 自动化测试案例

约束条件：同一用户只能进行一次考试					
测试数据：用户名做参数化，预计 200 个					
操作步骤	1. 用户打开 ICSS-ETC 在线考试系统首页地址				
	2. 输入用户名"test"				
	3. 输入密码"123456"				
	4. 单击"登录"按钮				
	5. 进入个人主页，点击"在线考试"				
	6. 进入考试页面，点击"提交试卷"				
	7. 成功考试，点击"退出"按钮，退出系统				
期望结果					
测试项	响应时间	业务成功率	业务总数	CPU 使用率	内存使用率
登录	<=3s	100%	1min 完成 200 次	<75%	70%
考勤	<=3s	100%	1min 完成 200 次	<75%	
登录					
考勤					
测试执行人			测试日期		

上述自动化测试案例具体操作步骤如下：

1) 录制基本的用户脚本

使用 VuGen 开发脚本的步骤如下：

① 录制测试脚本。
② 录制测试脚本。

③完善测试脚本。
④配置 Run – Time Settings 项。
⑤单机运行测试脚本。
⑥创建运行场景。

点击开始—Mercury LoadRunner—Applications—Virtual User Generator 或开始—MercuryLoadRunner—Mercury LoadRunner—Load Testing—Create/Edit Scripts 来启动 VuGen。

(1)启动 VuGen 界面。

启动 VuGen 后，可以选择新建单协议脚本，多协议脚本，打开脚本等。如果不想下次再显示该页，在"Don't show the startup dialog in the future"前打勾即可，如图 3 – 41 所示。

(2)选择协议。

新建一个用户脚本，选择系统通信的协议，这里我们需要测试的是 Web 应用，所以我们需要选择 Web(HTTP/HTML)协议，确定后，进入主窗体，如图 3 – 42 所示。

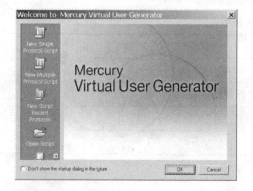

图 3 – 41　Mercury VUser Generator 界面

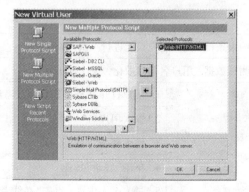

图 3 – 42　选择协议界面

(3)设置录制选项。

①Application type 中选择应用程序类型为"Internet Application"。
②URL 中输入要测试的网址。
③Working directory 中设置工作目录。
④Record into Action 中选择要把录制的脚本放到哪一个部分，建议选择"Action"。

VuGen 中的脚本分为三部分：vuser_init，vuser_end 和 Action。其中 vuser_init 和 vuser_end 都只能存在 1 个，不能再分割，而 Action 还可以分成无数多个部分(通过点击 New 按钮，新建 ActionXXX)。

"Record the application startup"默认情况下是选中的，说明应用程序一旦启动，VuGen 就会开始录制脚本；如果没有选中，应用程序启动后，VuGen 出现如图 3 – 43 所示的对话

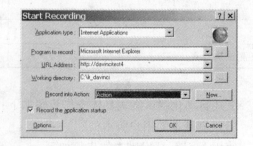

图 3 – 43　开始录制界面

框，并且暂时不会开始录制脚本，用户操作应用程序到需要录制的地方，按下"Record"按钮，

VuGen 才开始录制。

2) 完善测试脚本

当录制完一个基本的用户脚本后,在正式使用前我们还需要完善测试脚本,增强脚本的灵活性。例如,可以在脚本中插入名为内容检查的步骤,以验证某些特定内容是否显示在返回页上。可以修改脚本来模拟多用户行为,也可以用事务(Transaction)来度量特定的业务流程。

为了衡量服务器的性能,需要定义事务。比如:在脚本中有一个数据查询操作,为了衡量服务器执行查询操作的性能,把这个操作定义为一个事务,这样在运行测试脚本时,LoadRunner 运行到该事务的开始点时,就会开始计时,直到运行到该事务的结束点时结束计时。这个事务的运行时间会在结果中显示。

插入事务操作可以在录制过程中进行,也可以在录制结束后进行。LoadRunner 运行可在脚本中插入不限数量的事务。

(1) 插入事务。

在需要定义事务的操作前面事务的"开始点",通过菜单或者工具栏插入,如图 3 – 44 所示。

插入事务的开始点后,在需要定义事务的操作后面插入事务的"结束点"。同样可以通过菜单或者工具栏插入,如图 3 – 45 所示。

图 3 – 44 开始事务

图 3 – 45 结束事务

(2) 参数比。

如果用户在录制脚本过程中,填写提交了一些数据,比如要增加数据库记录。这些操作都被记录到了脚本中。当多个虚拟用户运行脚本时,都会提交相同的记录,这样不符合实际的运行情况,而且有可能引起冲突。为了更加真实地模拟实际环境,需要各种各样的输入。参数化输入是一种不错的方法,用参数表示用户的脚本有两个优点:①可以使脚本的长度变短;②可以使用不同的数值来测试该脚本。

参数化包含以下两项任务:①脚本中用参数取代常量值;②设置参数的属性以及数据源。

参数化仅可以用于一个函数中的参量,不能用参数表示非函数参数的字符串。另外,不是所有的函数都可以参数化的。

参数的类型详见表 3 – 26。

表 3-26 LoadRunner 脚本参数

序号	参数名	参数描述
1	DateTime	在需要输入日期/时间的地方,可以用 DateTime 类型来替代。其属性设置选择一种格式即可。当然也可以订制格式
2	Group Name	LoadRunner 使用该虚拟用户所在的 Vuser Group 来代替
3	Load Generator Name	LoadRunner 使用该虚拟用户所在 Load Generator 的机器名来代替
4	Iteration Number	LoadRunner 使用该测试脚本当前循环的次数来代替
5	Random Number	随机数。在属性设置中可以设置产生随机数的范围
6	Unique Number	唯一的数。在属性设置中可以设置第一个数以及递增的数的大小。注意:使用该参数类型必须注意可以接受的最大数。例如:某个文本框能接受的最大数为 99。当使用该参数类型时,设置第一个数为 1,递增的数为 1,但 100 个虚拟用户同时运行时,第 100 个虚拟用户输入的将是 100,这样脚本运行将会出错。注意:这里说的递增意思是各个用户取第一个值的递增数,每个用户相邻的两次循环之间的差值为 1。举例说明:假如起始数为 1,递增为 5,那么第一个用户第一次循环取值 1,第二次循环取值 2;第二个用户第一次循环取值为 6,第二次为 7;依次类推
7	Vuser ID	在实际运行中,LoadRunner 使用该虚拟用户的 ID 来代替,该 ID 是由 Controller 来控制的。但是在 VuGen 中运行时,Vuser ID 将会是 -1。File:需要在属性设置中编辑文件,添加内容,也可以从现成的数据库中取数据
8	User Defined Function	从用户开发的 dll 文件提取数据

上面的例子中,我们取随机数即可。点"Properties……"按钮,进行属性设置窗口添入随机数的取值范围为(1~50),选择一种数据格式。在"属性"中有以下几个选项:

● Each Occurrence:在运行时,每遇到一次该参数,便会取一个新的值。

● Each iteration:运行时,在每一次循环中都取相同的值。

● Once:运行时,在每次循环中,该参数只取一次值。这里我们用的是随机数,选择 Each Occurrence 非常合适。

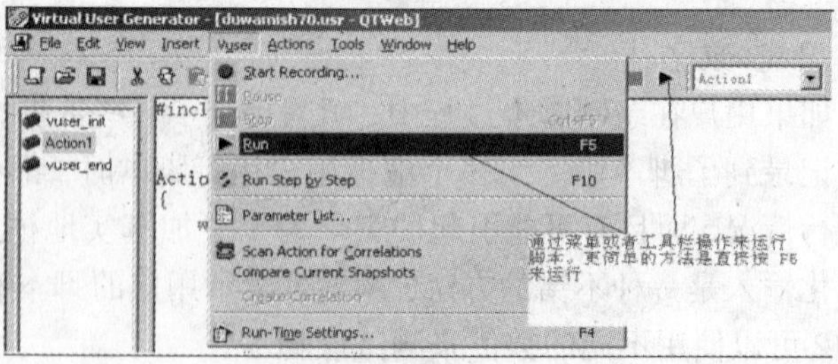

图 3-46 单机运行测试脚本

3)单机运行测试脚本

运行脚本可以通过菜单或者工具栏来操作,如图 3-46 所示。

执行"运行"命令后,VuGen 先编译脚本,检查是否有语法等错误。如果有错误,VuGen 将会提示错误。双击错误提示,VuGen 能够定位到出现错误的那一行。如果编译通过,就会开始运行。然后会出现运行结果。

3.4 项目小结与拓展

3.4.1 项目小结

本章从需求分析、系统分析、数据库设计、模块实现、系统测试等方面对 ICSS – ETC 在线考试系统进行设计与开发。使用 UML 进行系统分析与设计，利用 PowerDesigner 绘制 E – R 图，生成数据库物理模型，通过 Asp.Net 技术实现系统功能，采用 Web Services 技术实现数据交换和身份验证。

3.4.2 项目拓展

在实际应用中，还有如下功能值得研究：
(1) 增加客户端系统组件更新模块。
(2) 更改客户端考试试卷的存储方式，若客户端机器出现故障后，仍能恢复考试。

附 录

中软国际科技有限公司
密级：仅限中软国际科技有限公司内部使用

ICSS – ETC 在线考试系统软件需求说明书

版本：V1.0

编　写：	技术部	编写日期：	2010 - 8 - 5
审　核：		审核日期：	

长沙市中软教育科技有限公司

目 录

1 引言
    1.1 编写目的
    1.2 适用范围
    1.3 读者对象
    1.4 参考资料
2 系统综述
    2.1 系统名称及版本号
    2.2 系统建设背景及目标
    2.3 任务提出方
    2.4 任务承接及实施者
    2.5 系统用户
    2.6 与其他系统的关系
3 系统功能需求
    3.1 阶段考试管理
        3.1.1 登录考场
        3.1.2 获取试卷
        3.1.3 作答
        3.1.4 交卷
    3.2 系统管理员管理
        3.2.1 操作员信息管理
        3.2.2 角色分配
        3.2.3 权限分配
        3.2.4 角色维护
        3.2.5 权限维护
    3.3 考生档案管理
        3.3.1 导入学员信息
        3.3.2 维护学员信息
    3.4 题库管理
        3.4.1 考试题库录入
        3.4.2 考试题库维护
        3.4.3 题库试题维护
    3.5 试题管理
        3.5.1 考试试题录入
        3.5.2 考试试题维护
        3.5.3 导入和导出考试试题
    3.6 组卷管理模块

   3.6.1 测试组卷
  3.7 考试管理
   3.7.1 考试计划
   3.7.2 考次管理
   3.7.3 考试管理
   3.7.4 自动阅卷
   3.7.5 查询管理
4 外部接口需求
  4.1 系统对外提供的接口
  4.2 系统使用的外部系统接口
5 系统非功能性需求
  5.1 运行环境需求
  5.2 性能需求
  5.3 可用性需求
  5.4 安全性需求
  5.5 其他软件质量属性
6 系统补充说明
  6.1 对现有业务、系统的影响
  6.2 术语表
  6.3 待确定问题清单

文档修订记录

序号	修改时间	修改人	审核人	备注
1				
2				
3				
4				
5				
6				
7				
8				
9				
10				
11				
12				
13				
14				
15				
16				
17				
18				
19				
20				

1 引言

1.1 编写目的

本文档是对"ICSS – ETC 在线考试系统"的需求总体阐述,其主要作用为:
- 确定待建系统的总体功能,建立用户方与开发方的共同协议;
- 提高开发效率、强化进度控制;
- 为项目的评测与验收提供依据。

1.2 适用范围

本文档仅适用于"ICSS – ETC 在线考试系统"的开发。

1.3 读者对象

该文档适用于双方的相关业务人员和开发人员。

1.4 参考资料

无。

2 系统综述

2.1 系统名称及版本号

本系统的全称为"ICSS – ETC 在线考试系统",版本号为 1.0。

2.2 系统建设背景及目标

本系统目标是建设一个 ICSS – ETC 在线考试系统,方便各部门针对性了解学生在各教学阶段的单项科目及综合科目的学习情况。

2.3 任务提出方

中软国际长沙 ETC。

2.4 任务承接及实施者

中软国际长沙 ETC 技术部。

2.5 系统用户

NCCP 考证学员、深度合作院校学生、就业培训学员。

2.6 与其他系统的关系

本系统为独立系统,和其他系统没有接口关系。

3 系统功能需求

3.1 阶段考试管理

需求编号	需求名称	简要业务描述
3.1.1	登录考场	当考生进行阶段考试前，要先登录考场，验证身份
3.1.2	获取试卷	当考生登录考场后，获取本考次的试卷
3.1.3	作答	当考生获取试卷后，进行作答
3.1.4	交卷	当考生作答完成后，可自行交卷；或自动强制交卷

3.1.1 登录考场
执行人：
考生。
业务流程描述：
1. 考生输入自己的身份验证信息。
2. 系统验证考生身份，验证通过则自动进入考场，验证失败则提示考生。
界面原型：
考生登录考场界面。
业务规则说明：
1. 在业务流程第 1 步，考生应输入的身份验证信息包括：
①考号，必填。
②身份证号码，必填。
③姓名，必填。
2. 在业务流程第 2 步查询考号是否存在，身份证和姓名是否正确，有一项不符则登录失败；查询考生所属考次，如果未查询到此考生可参加的已启动的考次，则登录失败；确认考生是否迟到，如果登录时间在开始考试之后 30 分钟，则登录失败。
3. 在业务流程第 2 步考生连续多次登录失败的情形处理，暂不做处理。
4. 在业务流程第 2 步如果发现此考生处于已登录状态，则拒绝重新登录。[本期不负责实现]
5. 在业务流程第 2 步中登录成功后，直到考试结束前，此考生的考号，身份证号码，姓名须在界面中一直可见。

3.1.2 获取试卷
执行人：
考生。
业务流程描述：
获取本考次试卷。
界面原型：

试卷界面。

业务规则说明：

根据考生所属考次，获取此考次的试卷。

3.1.3 作答

执行人：

考生。

业务流程描述：

1. 显示试卷。

2. 考生针对试卷中某个试题输入或选择答案，确认答案。

界面原型：

试卷界面。

业务规则说明：

1. 在业务流程第 1 步中，将获取到的试卷中所有试题按题型分类，题型的显示顺序按组卷时设置的题型排序方式处理，在每个分类中随机决定试题出现的顺序。要求参加同一考次每台客户机显示的试题顺序都不一样。

2. 在业务流程第 1 步中，每次显示一个试题。

3. 在业务流程第 1 步中，考生可随时使用试题题号列表功能查看所有试题题号及每个试题[已经作答]或[暂未作答]的状态标识。此列表应显示试题总数，已作答题数，未作答题数等统计信息。

4. 在业务流程第 2 步中，考生可随时在试题题号列表点击题号可切换到相应题目。

5. 在业务流程第 2 步后，考生可通过[上一题]、[下一题]来切换试题。

6. 在业务流程第 2 步后，由系统将试题题号列表中的本题状态标识更新为[已经作答]。

7. 业务流程第 2 步中，考生离开本题进行另外一题作答前，需由用户确认保存本题答案。

8. 在考试结束前，因客户机程序崩溃、死机、停电导致考试中止，则由考生呼叫监考人员处理。由监考人员登录系统后台管理设置允许此考生重新登录考场。监考人员作此设置时系统应要求输入监考密码，并记录时间、监考人、考生。经此处理后考生可重新登录，继续考试。考生继续考试时，系统应保证考生获取考试中止之前的同一份试卷，且试题顺序与中止之前相同，系统还应负责将考生已经做答的答案恢复到相应的试题中。[本期不负责实现]

9. 在业务流程第 1 步中，显示考试结束时间倒计时提醒，此时间来自服务器，以 1 秒为频度自动更新。此提醒直到考试结束前考生一直可见。

3.1.4 交卷

执行人：

考生。

业务流程描述：

1. 考生请求交卷。

2. 系统记录交卷时间和考生答案。

3. 提示交卷结果。

界面原型：

1. 试卷界面。
2. 交卷成功界面。

业务规则说明：

1. 在业务流程第 1 步中固定在考生开始作答 30 分钟后才可交卷，此时间不参与后台配置管理。
2. 在业务流程第 1 步中考生请求交卷时，需由考生再次确认。
3. 如果在考试时间结束时考生仍未请求交卷，则由系统自动强制交卷。
4. 在业务流程第 2 步成功完成后，在业务流程第 3 步系统提示考生交卷成功，并显示考试用时，并将考生退出登录状态。
5. 在业务流程第 2 步，如果交卷失败，则由系统提示考生呼叫现场监考人员处理。监考人员安排考生更换一台机器重新登录后再次提交，如果再次失败，本系统不负责处理，应由现场监考人员记录此考生的答卷。

3.2 系统管理员管理

需求编号	需求名称	简要业务描述
3.2.1	操作员信息管理	用来管理某个后台用户的基本信息
3.2.2	角色分配	当设定某个后台系统用户后，进行的角色分配
3.2.3	权限分配	对某个后台系统用户针对性的权限分配
3.2.4	角色维护	针对角色功能自身的维护
3.2.5	权限维护	针对权限功能自身的维护

3.2.1 操作员信息管理

执行人：

系统管理员。

业务流程描述：

1. 系统管理员确定需要添加到后台系统的用户信息。
2. 系统管理员在系统中添加用户信息，并且保存。
3. 系统管理员在系统中对用户基本信息的维护。

界面原型：

角色分配界面。

业务规则说明：

1. 对于业务流程第 2 步操作添加用户信息包括：

①用户 ID，必填，自动增长，唯一标识。
②用户登录名，必填。
③用户登录密码，必填。
④用户名，必填。
⑤是否禁用，必选。

2. 对于业务流程第 3 步操作维护用户基本信息包括了对用户的修改和查询。

3.2.2 角色分配

执行人：

系统管理员。

业务流程描述：

1. 系统管理员人工确定后台的系统用户拥有后台系统使用角色。
2. 系统管理员在系统中给用户添加相关角色。

界面原型：

角色分配界面。

业务规则说明：

1. 在业务流程的第2、3步注意，对应用户可以存在多个角色并存的情况。
2. 当该用户没有拥有任何角色时，可以给予用户相对应的角色，并且保存。
3. 当该用户已经存在角色时，系统管理员管理对应用户的角色。

3.2.3 权限分配

执行人：

系统管理员。

业务流程描述：

1. 系统管理员确定后台系统用户拥有的角色。
2. 系统管理员在系统中给用户添加相关权限。
3. 系统管理员保存数据。

界面原型：

权限分配界面。

业务规则说明：

对于业务流程第2步操作，系统管理员有可能对角色的固定权限做相对应的修改，也可能存在不同的后台系统用户中拥有同一个角色，但是却有不同具体权限的情况。

3.2.4 角色维护

执行人：

系统管理员。

业务流程描述：

1. 进入角色维护管理界面。
2. 对角色进行维护，保存角色信息。

界面原型：

角色维护界面。

业务规则说明：

1. 在业务流程第1步中查询角色时的信息包括查询结果列表：至少包括角色号、角色名称、角色权限列表等。
2. 针对角色的维护，要求在系统初始化阶段存在几个默认的角色给予默认权限。包括：系统管理员(最高权限)，考生(参加考试权限)，考试计划制定员，阅卷员(阅卷权限)，组卷员(组合生成试卷权限)，监考员(负责考场开始，结束，收卷权限)，题库管理员(题库试题管理的权限)。

3.2.5 权限维护

执行人：
系统管理员。
业务流程描述：
1. 进入权限维护管理界面。
2. 对权限进行维护，保存权限信息。
界面原型：
权限维护界面。
业务规则说明：
在业务流程第1步中查询权限时的信息包括查询结果列表：至少包括权限号、权限模块等。

3.3 考生档案管理

需求编号	需求名称	简要业务描述
3.3.1	导入学员信息	根据提供的存储学员信息的EXCEL文档导入到系统数据库
3.3.2	维护查询学员信息	对学员信息可以进行增、删、改、查

3.3.1 导入学员信息

执行人：
考试计划制定员。
业务流程描述：
1. 操作员可以导入符合用户格式的存有学员信息的EXCEL文件（文件由用户提供）。
2. 操作员可以手工录入学员信息。
界面原型：
增加新学员界面。
业务规则说明：
1. 在业务流程第1步，录入学生档案信息（根据用户提供的文件中信息）包括：
①校区名称：必填。
②学期编号：必填。
③序号：必填。
④准考证号：必填。
⑤考生姓名：必填。
⑥考生姓名拼音：必填。
⑦性别：必填。
⑧身份证号：必填。
⑨班级编号：必填。
⑩年级：必填。
⑪班主任姓名：必填。

⑫备注：可选，记录学生档案的额外说明。

2. 在业务流程第1步，导入 EXCEL 文档中的信息后，会在界面显示，用户可以删除其中不必要的学员信息，然后提交保存到数据库，在提交时必须附加以下信息：此次导入的批次（必填，规则：自动增长），导入人，必填；导入时间：必填。

3.3.2 维护学员信息

执行人：

系统管理员。

业务流程描述：

1. 可以根据批次、学号、考号、姓名查找、增加、删除、改动已存在学员信息。

界面原型：

学员信息界面。

业务规则说明：

无。

3.4 题库管理

需求编号	需求名称	简要业务描述
3.4.1	考试题库录入	题库管理员将新的考试题库录入系统
3.4.2	考试题库维护	有需求时，题库管理员可以对考试题库信息进行日常的删除和修改和禁用等日常操作
3.4.3	题库试题维护	题库管理员可以对题库中的试题进行添加和移除

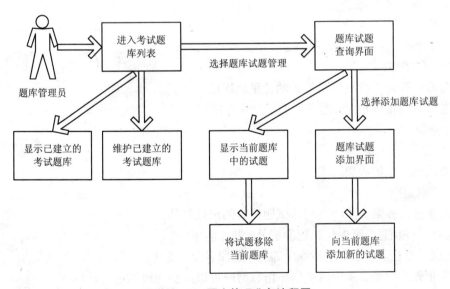

图附录-1 题库管理业务流程图

3.4.1 考试题库录入

执行人：

题库管理员。

业务流程描述：

1. 题库管理员开始录入新的考试题库。
2. 题库管理员录入考试题库相关信息并保存成功。

界面原型：

考试题库录入界面。

业务规则说明：

1. 录入考试题库时的信息包括：

①题库编号：必填。

②课程体系：必填。

③学期：必填。

④科目：必填。

⑤题库名字：必填。

⑥题库类型：（自测和阶段题库）。

⑦题库状态：禁用和可用。

⑧题库最后修改时间。

⑨题库录入人。

⑩题库最后修改人。

⑪备注：可选，记录当前题库的一些额外说明。

2. 题库信息保存后，应再次跳回题库录入界面，方便继续录入。

3.4.2 考试题库维护

执行人：

题库管理员。

业务流程描述：

1. 题库管理员查找到需要维护的考试题库信息。
2. 题库管理员维护考试题库信息，并保存成功。

界面原型：

1. 考试题库查询界面。
2. 考试题库维护界面。

业务规则说明：

1. 在业务流程第1步中查询考试题库时的信息包括：

①查询条件信息：至少包括题库编号、题库名字。

②查询结果列表：至少包括题库编号、题库名字、备注。

2. 在业务流程第2步中维护题库信息时应可以维护题库的所有信息。

3.4.3 题库试题维护

执行人：

题库管理员。

业务流程描述：

1. 题库管理员选择题库，进入该题库试题列表页面。
2. 题库管理员可以将未加入任何题库的试题添加到题库。
3. 题库管理员可以将题库中的试题移除。

界面原型：

1. 题库试题查询界面。
2. 题库试题添加界面。

业务规则说明：

1. 在业务流程第 1 步中查询题库试题时的信息包括：

①查询条件信息：至少包括试题编号、课程体系、学期、课程、试题类型、所属章节、标题、难度、出题人、录入日期。

②查询结果列表：至少包括试题编号、题库、课程体系、学期、课程、试题类型、标题、所属章节、难度。

2. 在业务流程第 1 步中，查询出的试题只包含属于该题库中的试题信息。
3. 在业务流程第 2 步中，当选择添加试题，进入题库试题添加界面，可以添加其他题库中的试题。
4. 在业务流程第 2 步中，显示在题库试题添加界面中的试题，必须要满足本题库的要求（学期，课程体系、学期、课程、试题类型）。
5. 在业务流程第 3 步中，只可以移除当前进入的题库中的试题。

3.5 试题管理

需求编号	需求名称	简要业务描述
3.5.1	考试试题录入	试题管理员将新的考试试题录入系统
3.5.2	考试试题维护	有需求时，试题管理员可以对考试试题信息进行日常的删除和修改等日常操作
3.5.3	导入和导出考试试题（本期不实现）	有需求时，试题管理员可以通过 EXCEL 文档导入考试试题信息，也可以将系统试题信息导出到 EXCEL 文档

3.5.1 考试试题录入

执行人：

试题管理员。

业务流程描述：

1. 试题管理员开始录入新的考试试题。
2. 试题管理员录入考试试题相关信息并保存成功。

界面原型：

考试试题录入界面。

业务规则说明：

1. 录入考试试题时的信息包括：

①试题编号：必填，编号规则：课程体系/年级/科目/序号(6位)。
②题库：可选，关联到所属考试题库。
③课程体系：必选。
④学期：必选。
⑤课程：必选。
⑥试题类型：必选，关联试题类型，分为自测和阶段考试。
⑦标题：必填，考试试题的题目说明。
⑧内容：必填，考试试题的正文，只能包含文本和图片信息，对于选择类型题。
⑨标准答案：可选，考试试题的答案。
⑩难度：必填，考试试题的难度规则。
⑪解题思路：可选，考试试题的解题思路。
⑫所属章节：可选。
⑬出题人：必填。
⑭录入人：必填，默认记录系统当前录入用户。
⑮录入日期：必填，默认当前时间。
⑯备注：可选，记录当前试题的一些额外说明。
2. 试题信息保存后，应再次跳回试题录入界面，方便继续录入。
3. 题库、学期、课程、难度、章节的维护功能在相关的系统维护模块中进行实现。
4. 禁用的题库中的试题，不出现在自测和阶段考试试题中。

3.5.2 考试试题维护

执行人：

试题管理员。

业务流程描述：

1. 试题管理员查找到需要维护的考试试题信息。
2. 试题管理员维护考试试题信息，并保存成功。

界面原型：

1. 考试试题查询界面。
2. 考试试题维护界面。

业务规则说明：

1. 在业务流程第1步中查询考试试题时的信息包括：
①查询条件信息：至少包括试题编号、题库、学期、课程、试题类型、所属章节、标题、难度、出题人、录入日期。
②查询结果列表：至少包括试题编号、题库、学期、课程、试题类型、标题、所属章节、难度。
2. 在业务流程第2步中维护试题信息时应可以维护试题的所有信息。

3.5.3 导入和导出考试试题

执行人：

试题管理员

业务流程描述：

1. 试题管理员拿到试题的 EXCEL 文档。
2. 试题管理员通过系统将 EXCEL 文档导入系统。
3. 导入成功后,系统显示该次导入的所有数据信息。
4. 试题管理员确认是否保存当次导入。
5. 导入失败,提示失败原因后,返回到导入页面。
6. 选择考试试题导出界面。
7. 可以选择需要导出的考试试题,也可以选择题库导出所有题库试题。

导出试题界面原型:
1. 考试试题导入界面。
2. 考试试题导出界面。

业务规则说明:
1. 在业务流程第 2 步,选择需要导入的 EXCEL 文档导入到系统中。
2. EXCEL 文档需要符合一定的规则(参考试题 EXCEL 文档模板)。

EXCEL 文档应包含:试题编号、学期、课程、试题类型、所属章节、标题、内容、难度、出题人。

3. 导入和导出功能不能包含图片信息。

3.6 组卷管理模块

需求编号	需求名称	简要业务描述
3.6.1	测试组卷	对单科测试,阶段测试进行组卷

3.6.1 测试组卷

执行人:

组卷员。

业务流程描述:

1. 组卷员输入组卷规则。
2. 系统根据组卷规则生成试卷预览,如有不合适的试题,则单独对其进行调整。
3. 试卷分数分配,组成用户需要的分数。
4. 生成试卷保存在数据库当中。

界面原型:

阶段测试组卷界面。

业务规则说明:

1. 在业务流程第 1 步,组卷的信息包括:
①题库:必选。
②课程体系:必选。
③题目类型:必填,包括选择题、填空题、问答题以及用户自定义题型。
④题目类型所占百分比:必填,整数。
⑤试卷难度等级:设定各个难度等级所占题数百分比。

⑥测试科目：必填，选择单科就会生成单科试卷，选综合就会生成阶段测试试卷。

⑦科目百分比：可选，仅在选择综合时可用，选择各科目在题中所占的百分比。

2. 在业务流程第2步，如有个别不合适的试题，则可以对其进行更换（补充界面要有条件筛选，帮助出题人选择要补充的题目），如果对整体题目不满意，可以重新生成试卷。

3. 在业务流程第3步中，组卷员确定总分，可对每种类型的题进行分数分配，也可以对单题进行微调，以达到组卷员期望的分数值。

4. 在业务流程第4步，生成的试卷要附加的信息包括：

①建卷时间：必填。

②所选题库：必填。

③组卷人：必填。

3.7 考试管理

需求编号	需求名称	简要业务描述
3.7.1	考试计划	某次考试计划制订
3.7.2	考次管理	考次管理
3.7.3	考试管理	控制考试过程
3.7.4	自动阅卷	系统自动对选择题评分
3.7.5	查询管理	查询相关考试信息

3.7.1 考试计划

执行人：

考务人员。

业务流程描述：

1. 页面显示计划列表。
2. 考务人员制订新的考试计划。
3. 可查看已执行计划，维护未执行考试计划。

界面原型：

考试计划制订界面。

业务规则说明：

1. 录入考试计划信息包括：

①计划编号。

②计划名称。

③制订人。

④计划录入时间。

⑤计划起止时间。

⑥计划状态。

⑦备注：可选，记录当前试题的一些额外说明。

3.7.2 考次管理

执行人：

考务人员。

业务流程描述：

1. 考务人员选择考试计划，进入对应的考次管理页面。
2. 考务人员添加新的考次。
3. 考务人员对现有的考次进行维护。
4. 考务人员为考次添加考生。

界面原型：

考次管理界面。

业务规则说明：

1. 按业务流程的第 2 步，考务人员添加的考次信息包含：

①考次编号：必填。

②考次名称：必填。

③课程体系：必填。

④学期：必填。

⑤学科：必填。

⑥学生信息：可选。

⑦试卷：可选，关联到考试试卷。

3.7.3 考试管理

执行人：

考务人员。

业务流程描述：

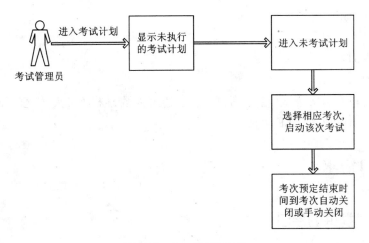

图附录-2 考试流程图

1. 考务人员选择可考试的考次。
2. 考务人员点击开考按钮，开始考试。

3. 考试正常结束后，由考务人员确认本考次的考试结束。

界面原型：

考试管理界面。

业务规则说明：

1. 选择考次必须在规定的某时间段内。
2. 确认开考必须经过提示确认，防止考务人员误操作。
3. 需要实时查看(参考人数，交卷人数，计划考试人数，实际参考人数)。
4. 在实时查看页面可以解锁已登录考生，让其再次登录。

3.7.4　自动阅卷

执行人：

阅卷人。

业务流程描述：

1. 阅卷人选择考次。
2. 阅卷人点击自动阅卷。

界面原型：

阅卷评分界面。

业务规则说明：

选择题所评分数结果计入相对应学员分数表。

3.7.5　查询管理

执行人：

考务人员。

业务流程描述：

1. 选择考次。
2. 按条件查询。

界面原型：

成绩查询界面。

业务规则说明：

考务人员可查看历次考试信息：考试人数，通过人数，未通过人数(60分以上或以下)，通过率。可以导出生成 EXCLE 表格。

4　外部接口需求

4.1　系统对外提供的接口

无。

4.2　系统使用的外部系统接口

无。

5 系统非功能性需求

5.1 运行环境需求

需求名称	详细要求
服务器	两台服务器,建议 CPU Core2 T2600 以上,内存 2G 以上,硬盘 160G 以上 操作系统 Windows 2000 或 windows 2003;一台作考试服务器,另一台作管理服务器和数据库服务器。考试服务器安装软件,管理服务器安装软件,数据库服务器安装应用服务器 weblogic 9 以上和 IIS6.0 以上;数据库服务器 Sqlserver2005
客户端	IE 浏览器,要求在 Internet Explorer 6.0 或更高版本浏览器中运行,屏幕分辨率 1024×768
网络	内部网络

5.2 性能需求

需求名称	详细要求
访问用户数	满足同时在线 1000 人
CPU 占有率	正常访问情况下不高于 90%
数据存储	支持 10 年以内数据存储
考试性能	切换题目间隔不大于 2 秒,登陆到服务器获得试卷不得超过 10 秒

5.3 可用性需求

在非硬件和非网络故障的情况下,不能出现任何故障。

5.4 安全性需求

本系统基于标准的用户角色功能控制:
①系统统一设置用户身份,每个使用本系统的用户将有唯一的系统账号。
②每个系统账号对应一个或多个角色。
③对每个角色需设定相应的操作功能,角色只能执行已设定功能权限的功能模块。

5.5 其他软件质量属性

需求名称	详细要求
正确性	功能正确
易用性	用户界面友好
健壮性	可以允许用户的错误输入
可移植性	本系统可以移植到独立服务器上

6 系统补充说明

6.1 对现有业务、系统的影响

系统上线后,现有业务中使用的纸质和电子表格将取消。

6.2 术语表

无。

6.3 待确定问题清单

无。

参考文献

[1] [美]麦卡林等. Microsoft .Net Remoting 权威指南[M]. 张昆琪译. 北京：机械工业出版社，2003
[2] [美]普罗塞斯. Microsoft .Net 程序设计技术内幕[M]. 王铁等译. 北京：清华大学出版社，2002
[3] 汤涛等. .Net 企业级应用程序开发[M]. 北京：清华大学出版社，2005
[4] Jeffrey Richter. Microsoft.Net 框架程序设计[M]. 北京：清华大学出版社，2003
[5] 邹建峰，周山峰，项细威. C#企业级开发案例精解[M]，北京：人民邮电出版社，2006
[6] MicroSoft. 面向服务的架构实现企业应用集成和实践[M/OL]. MSDN 开发精选，2004
[7] 王晟. Visual C#.Net 数据库开发经典案例解析[M]，北京：清华大学出版社，2005
[8] 桂思强. ASP.Net 与数据库程序设计[M]，北京：中国铁道出版社，2002
[9] Hovel, David. ASP.Net page persistence and extended attributes[J]. Dr. Dobb's Journal, 2003
[10] Alan Shalloway, James Trott. Design Patterns Explained 2 Edition[J]. Addison-Wesley Professional, 2004
[11] Jesse Liberty, Dan Hurwitz. Programming ASP.Net[J]. Reilly&Associates Press, 2002

图书在版编目(CIP)数据

高等学校软件工程专业校企深度合作系列实践教材/周清平总主编.
.Net 项目开发实践/周清平主编. —长沙:中南大学出版社,2015.3
ISBN 978 – 7 – 5487 – 1400 – 2

Ⅰ.N… Ⅱ.周… Ⅲ.网页制作工具 – 程序设计 – 高等学校 – 教材
Ⅳ.TP393.092

中国版本图书馆 CIP 数据核字(2015)第 050715 号

.Net 项目开发实践

周清平　主编

□责任编辑	刘　灿		
□责任印制	易建国		
□出版发行	中南大学出版社		
	社址:长沙市麓山南路	邮编:410083	
	发行科电话:0731-88876770	传真:0731-88710482	
□印　装	长沙印通印刷有限公司		
□开　本	787×1092　1/16	□印张 14	□字数 346 千字
□版　次	2015 年 5 月第 1 版	□2015 年 5 月第 1 次印刷	
□书　号	ISBN 978 – 7 – 5487 – 1400 – 2		
□定　价	35.00 元		

图书出现印装问题,请与经销商调换